彩图7-1　次生感染引起的腐烂

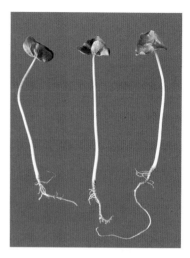

彩图7-2　完整幼苗

腐烂

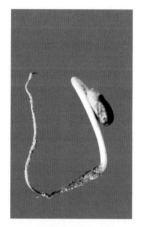

腐烂

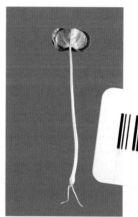

缺失

缺失

缺失

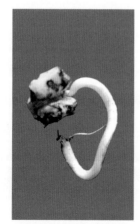

停滞

停滞

停滞

彩图7-3　初生根和种子根不正常类型

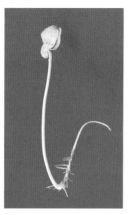

| 停滞 | 负向地性生长 | 负向地性生长 | 初生根纤细 |

| 从顶端开裂 | 卷缩在种皮内 | 卷缩在种皮内 |

彩图7-3　初生根和种子根不正常类型（续）

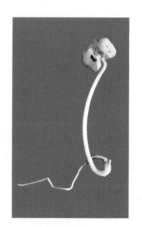

| 由初生感染引起的腐烂 | 环状 | 环状 | 螺旋状 |

彩图 7-4　下胚轴不正常类型

过度弯曲　　　　　　过度弯曲　　　　　　缩短变粗　　　　　　缩短变粗

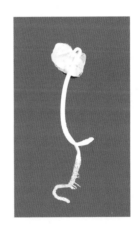

缩短变粗　　　　　　纵向开裂　　　　　　破裂　　　　　　　　水肿

彩图 7-4　下胚轴不正常类型（续）

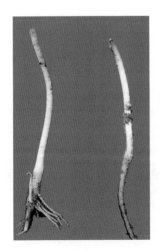

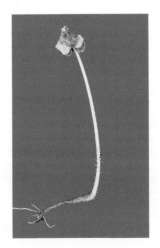

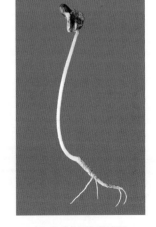

缺失　　　　　　　由初生感染引起的腐烂　　　　　由初生感染引起的腐烂

彩图7-5　子叶不正常类型

由初生感染引起的腐烂

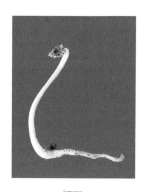
坏死

其他损伤

彩图7-5　子叶不正常类型（续）

彩图8-1　沙　床

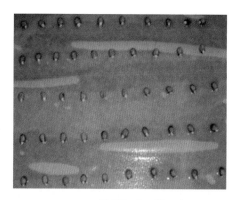
彩图8-2　纸　床

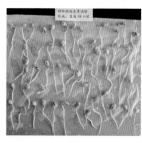
毛子

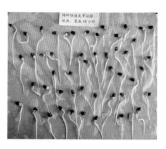
光子

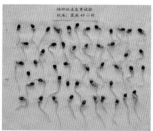
包衣子

彩图8-3　纸床快速发芽试验

彩图8-4　沙床法置床2天后

彩图8-5　沙床法置床4天后

彩图10-1　棉花常见株型

彩图10-2　叶片形状

彩图10-2 叶片形状（续）

彩图10-3 叶片颜色

彩图10-4　茎秆茸毛（多毛、稀毛、无毛）

彩图10-5　花瓣颜色

彩图10-6　花冠基部红斑

彩图10-7　花粉颜色（乳白色、浅黄色、黄色）

彩图10-8　柱头高度（柱头高于、等高、低于雄蕊）

彩图10-9　铃型

彩图10-10　棉铃纵剖面

彩图10-11　铃柄长度

彩图10-12　铃尖突起程度

彩图10-13　铃嘴十字纹

彩图10-14　棉铃色素腺体

彩图10-15　苞叶大小

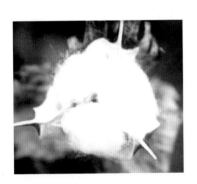

彩图10-16　吐絮开裂程度

白　　　　　　　　　　　　　绿　　　　　　　　　　　　　棕

彩图10-17　皮棉颜色

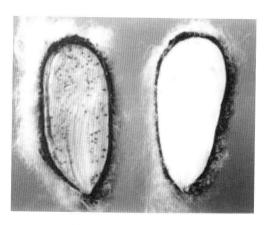

彩图10-18 种仁色素腺体

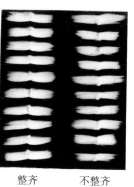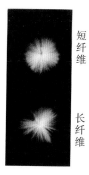

整齐　　　不整齐

短纤维　长纤维　示品种纤维长度

彩图10-19 纤维长度整齐度

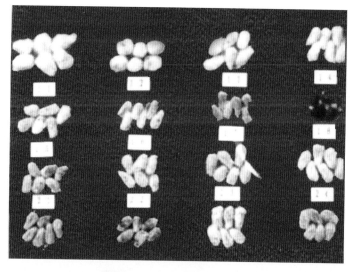

彩图10-20 不同籽形、籽色

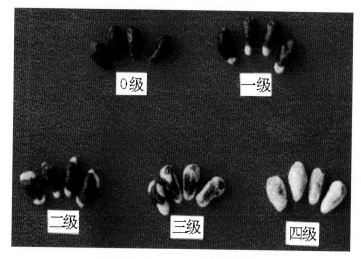

0级　　一级

二级　　三级　　四级

彩图14-1 残绒指数分级法

苗期鉴定

花铃期鉴定

彩图15-1 非抗虫棉变色图

棉花种子检验实务

王延琴　陆许可　主编

中国农业出版社

北　京

主　　编　王延琴　陆许可

副 主 编　匡　猛　马　磊　张力科

参　　编　（以姓氏笔画为序）

王　宁　王　爽　方　丹　刘小红

刘丰泽　刘建功　严根土　吴玉珍

张文玲　金云倩　周大云　荣梦杰

晋　芳　徐双娇　郭玉华　唐淑荣

黄龙雨　蔡忠民

前　言

　　种子检验是应用科学方法对农作物种子的品质进行检查、分析和鉴定，以判断种子的优劣和使用价值。种子检验是保证农作物种子质量的一项极为重要的措施，是农作物生产中必不可少的环节之一。

　　国以农为本，农以种为先。我国是农业生产大国和用种大国，农作物种业是国家战略性、基础性核心产业，是促进农业长期稳定发展、保障国家农产品安全的根本。我国一直以来十分重视农作物种业的发展，提出要"加快种子市场监管，健全种子例行监测机制，严厉打击未审先推、无证生产、抢购套购、套牌侵权和制售假、劣种子等违法行为。强化进出境种子检验检疫，开展疫情监测及监督抽查，切实维护公平竞争的市场秩序"。近年来，我国棉花种子质量状况显著改善，质量水平明显提高，种子质量监管和种子检验在其中发挥了重要作用。

　　随着市场经济体制的不断完善和种子产业的快速发展，种子检验为农业行政监督、行政执法、商品种子贸易流通、种子质量纠纷解决等活动提供了多方位的技术支撑和技术服务。同时，种子检验又是种子企业质量管理体系的一个重要组成部分，是种子质量控制的重要手段之一。当前，"质量第一"已成为我国种子产业发展的重要指导方针，"质量至上"已成为广大农民选购种子的重要因素，"质量兴企"已成为种子企业成长壮大的发展理念。作为质量管理和质量控制重要手段的种子检验，日益受到高度重视，必将为我国种子质量整体水平提高发挥重大的作用，为增加农民收入、维护农村稳定、构建和谐社会做出重要的贡献。

　　棉花种子检验包括品种品质检验和播种品质检验两个部分。品种品质是指品种纯度与品种的真实性，它反映的是品种固有的各种性状的遗传特性。播种品质是指影响出苗、长成健壮幼苗的诸多因素，通常包括净度分析、健籽率测定、发芽试验、水分测定、生活力的生化（四唑法）测定和健康测定等。本书从法律法规、标准依据和检验技术的层面对种子检验工作进行了介绍和叙述,具有全面性、系统性、科学性和实用性。全书共 17 章,前三章是种子检验的基本知识,主要介绍棉花种子检验的概念和内容、法律法规与标准依据以及与种子检验相关的国际组织。第四章至第十七章是棉花种子检验的方法,内容以《农作物种子检验规程》(GB/T 3543.1~3543.7)为依据,结合作者多年的棉花科研及种子检验工作的实践经验编写而成,比较系统地阐述了棉花种子检验的方法。

本书是从事棉花生产、管理、技术推广、加工、质量检验人员的实用指南。在本书的编写过程中得到许多同行和朋友的大力支持和热忱帮助,在此表示衷心的感谢。由于水平有限,书中疏漏之处在所难免,敬请读者批评指正。

编　者

2018 年 6 月

目　录

第一章 棉花种子检验的概念和内容

第一节 棉花种子检验概述

一、定义

种子检验是按照一定的标准，采用科学的技术和方法，对种子质量进行分析测定，判断其优劣，评定其种用价值的过程。种子检验应以种子法律法规为依据，以标准化种子检验规程为规范，在严格的质量控制和质量保证条件下，确定种子质量特性值并进行符合性判定。

我国现行的有关棉花种子检验的标准为中华人民共和国国家标准《农作物种子检验规程》（GB/T 3543.1～3543.7），判定标准为中华人民共和国国家标准《经济作物种子 第1部分：纤维类》（GB 4407.1）。

二、目的

通过对棉花种子的纯度、净度、发芽率、生活力、活力、种子健康、水分等项目进行检验和测定，评定棉花种子的种用价值，指导棉花生产、商品交换和经济贸易活动。其最终目的就是选择用高质量的种子播种，杜绝或减少因种子质量所造成的缺苗减产的危害，减少盲目性和冒险性，控制有害杂草的蔓延和危害，充分发挥栽培品种的丰产特性，确保棉花生产安全。

三、棉花种子检验的作用

棉花种子检验的作用，一方面，是棉种企业质量控制的重要手段，也是企业质量管理体系的一个重要支撑过程；另一方面，又是一种非常有效的市场监督和社会服务的重要手段，既可以为行政执法提供技术支撑，也可以为经济贸易、经济纠纷等活动提供服务。主要体现在以下几个方面：

1. 把关作用 检验员通过对种子质量进行检验、测定、鉴定，最终实现两重把关：一是把好商品种子出库的质量关，可以防止不合格种子流向市场；二是把好种子质量监督关，可以避免不符合要求的种子用于播种生产。保证生产上使用纯度高、播种品质好的种子，充分发挥良种的增产作用，生产高品质的纤维。

2. 预防作用 从过程控制而言，对上一过程的严格检验，就是对下一过程的预防。通过对种子生产过程中原材料（如亲本）的过程控制，购入种子复检以及种子储藏、运输过程中的检测等，可以防止不合格种子进入下一过程。如生产中可以有效减轻病、虫、杂草种子的传播蔓延，实现一播全苗。

3. 监督作用 种子检验是质量宏观控制的主要形式，通过对种子的监督抽查、质量评价等形式实现行政监督的目的，监督种子生产、流通领域的种子质量状况，以便达到及时打击假、劣种子的生产经营行为，把假、劣种子给农业生产带来的损失降到最低。

4. 报告作用 种子检验报告是国内外种子贸易必备的文件，可以促进国内外种子贸易的发展。通过检验判定种子质量，是以质论价的必要依据，也是国际间种子贸易的必要手段。

5. 调解种子纠纷的重要依据 种子监督检验机构出具的种子检验报告可以作为种子贸易活动中判定质量优劣的依据，对及时调解种子纠纷有重要作用。

6. 其他作用 可以为种子生产者提供信息反馈和辅助决策作用，如在种子生产过程中，可以对轧花、脱绒、包衣等种子加工环节起到指导和监督作用。在种子储藏和运输过程中，一旦发现种温上升或水分增多，就可立即采取措施，防止种子发霉变质，保证种子储藏和运输的安全。

第二节　棉花种子检验分类

一、监督抽查检验

监督抽查检验是为了保证种子质量和保护农民利益，由第三方独立对种子进行的决定监督总体是否可通过的抽样检验。监督抽查检验是农业行政主管部门下达的指令性检验任务，它具有自己的独特特点：一是监督性抽查检验是在种子企业验收性抽样检验合格基础上的一种复检，既是对种子质量的监督，也是对种子企业质量管理工作的监督；二是监督性抽查检验主要关心否定结论的正确性，而不保证肯定结论的准确性，所以通过检验合格的，未必就是合格的种子批；三是监督性抽查检验是行政执法的基础，检验结果抽查不合格后，生产者或销售者往往会被处以相应的行政处罚，甚至在有关媒体上曝光，因而监督抽查检验的结果更具有权威性和震慑力。

二、仲裁检验

人民法院审理种子质量的民事纠纷案件，仲裁机构对种子质量纠纷案件进行仲裁，都应当以事实为依据，以法律为准绳。其中有一项重要内容就是要对种子质量进行检验，通过有关检验数据确定争议的种子是否存在质量问题。这项专业性很强的检验工作由种子质量检验机构完成，其检验性质俗称为种子质量仲裁检验。

仲裁检验有以下特点：一是仲裁检验必须由符合法定条件的申请人提出，如果仅由质量争议一方当事人提出申请，不能称为仲裁检验；二是人民法院或者仲裁机构在委托种子质量检验机构时，应回避与种子质量纠纷有关各方有利害关系的检验机构，并按照规定支付检验费；三是仲裁检验要严格按照规定的检验程序进行，并将结果和依据进行比较。仲裁检验的种子样品可以采取下列的任一方式取得：由争议双方协商一致共同抽样、封样；争议双方不能协商一致时，由行政主管部门监督抽样、封样；检验机构单独抽样、封样。仲裁检验依据种子标签质量指标的承诺，作为仲裁检验的判定依据。

三、为贸易出证的委托检验

是一种非常重要的种子检验，包括认证种子的检测和贸易出证的种子检验。这种检验的主要作用是作为种子贸易流通的重要文件，它是种子质量检验机构在市场经济下为种子产业服务的重要方式，也是为社会有效服务的重要方式，是实现"以质论价"的重要依据，这种检验要对种子批质量负责。

四、一般的委托检验

这种检验要求条件不严格，是只对样品负责的委托检验，不要求对种子批负责。

第三节　棉花种子检验内容和程序

一、种子质量特性的分类

种子质量是由不同特性综合而成的。按照种子质量特性可分为四大类：一是物理质量，采用净度，其他植物种子计数、水分、重量等项目的检验结果来衡量；二是生理质量，采用发芽率、生活力和活力等项目的检测结果来衡量；三是遗传质量，采用品种真实性、品种纯度、特定特性（如转基因）等项目的检测结果来衡量；四是卫生质量，采用种子健康等项目的检测结果来衡量。

二、棉花种子检验项目

按我国现行国家和行业标准，对棉花种子检验项目中的净度分析、发芽试验、水分测定、真实性和品种纯度鉴定为必检项目。另外，还有生活力的生化测定、重量测定、健康测定。对于脱绒与包衣棉花种子来说，还有残酸率、残绒率（残绒指数）、种衣覆盖度、种衣牢固度（包衣合率）等非必检项目。

三、种子检验的内容

种子检验主要内容分为扦样、检测和结果报告三部分。扦样是种子检验的第一步，由于种子检验是破坏性检验，不可能将整批种子全部进行检验，只能从种子批中随机抽取一小部分有代表性的供检验用的样品。检测就是从具有代表性的供检样品中分取试样，按照规定的程序对包括水分、净度、发芽率、品种纯度等种子质量特性进行测定。结果报告是将已检测质量特性的测定结果汇总、填报和签发。

四、种子检验程序

《农作物种子检验规程 总则》对于种子检验程序有明确规定，指出种子检验必须按部就班根据种子检验规定的程序进行操作，不能随意改变。种子检验程序见图1-1。

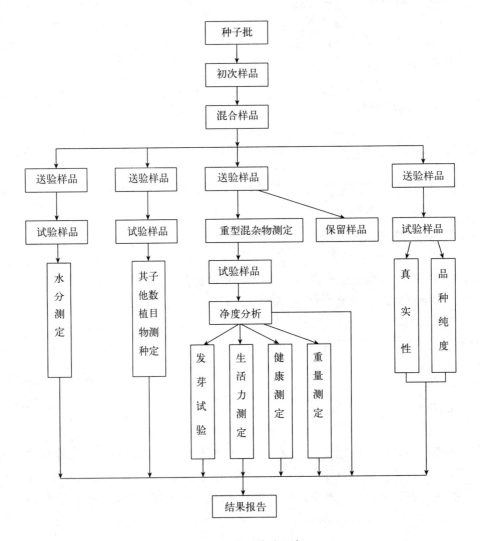

图1-1 种子检验程序

第二章 棉花种子检验的法律法规与标准依据

第一节 法 律

一、《中华人民共和国种子法》

《中华人民共和国种子法》(以下简称《种子法》)是我国种子管理的基本法律。该法律于 2000 年 7 月 8 日第九届全国人民代表大会常务委员会第十六次会议通过,并于同年 12 月 1 日起实施。后历经 2004 年 8 月 28 日、2013 年 6 月 29 日及 2015 年 11 月 4 日三次修订,现行《种子法》是由中华人民共和国第十二届全国人民代表大会常务委员会第十七次会议于 2015 年 11 月 4 日修订通过,自 2016 年 1 月 1 日起施行。这部法律共 10 章 94 条,系统地规定了我国种子管理的基本制度。《种子法》的效力高于所有关于种子的行政法规、地方法规、部门规章和地方政府规章。

1. 我国种业现状 种业是农业的核心竞争力,但目前在体制机制、管理等方面与发展现代种业、实现农业现代化的要求还不相适应。"选育的品种多,但突破性的品种少;通过审定的品种多,但较大面积种植的品种少;高产品种多,但综合性状好、品质高、抗逆性和适应性强的品种少;适合人工劳动的品种多,但适合机械收割的品种少"。在植物新品种保护方面,法律不健全,保护品种权人合法权益的力度弱,与国际植物新品种保护的发展趋势脱节。在种业企业的竞争力方面,我国种业市场还属于发展的初级阶段,种子企业进入市场时间不长,虽然数量不少,但大多没有完成原始资本积累,生产经营规模普遍偏小。在种子市场监管方面,执法力量弱,监管技术和手段落后,对违法行为处罚力度轻,违法成本低。另外,国外种子企业通过并购、独资或合资、设立研发机构等方式进入我国种业呈加速趋势,并且由园艺作物向粮食作物拓展,由生产经营向科研育种延伸,挤压国内种业市场空间。

2. 种子法立法宗旨

(1) 保护和合理利用种质资源。种质资源又称品种资源、遗传资源或基因资源,作为生物资源的重要组成部分,是培育作物优质、高产新品种的物质基础,是维系国家食物安全的重要保证,是中国农业得以持续发展的重要基础。种质资源还为物种的起源、进化等理论研究提供了重要的物质依据。保护和合理利用种质资源是农业和林业发展基础的基础,保护和利用好种质资源事关国家利益和种业发展水平。

(2) 规范品种选育、种子生产经营和管理行为,保护植物新品种权,维护种子生产经营者、使用者的合法权益。近年来,随着市场经济的不断发展,拓宽了种子经营渠道,放开了种子零售环节,放活了种子购买方式,呈现出种子经营主体多元化、零售环节多家化、购买方式自由化的特点。导致经营管理秩序混乱,市场行为不规范:一是未审先推、未试先推现象突出。一些企业为了追求经济效益，打着示范品种的幌子非法销售未经审定或正在试验的种子。二是以次充好，以劣种子冒充畅销品牌种子销售。三是无证经营，有的种子经销商无相关销售许可证，在门店私藏销售。四是种子经营档案不健全问题突出。其根本原因就是品种选育及种子生产、经营、使用的行为没有强有力的法律进行规范，品种选育者及种子生产者、经营者、使用者的合法权益得不到有效的保护。因此，《种子法》的重要立法宗旨之一就是要规范品种选育及种子生产、经营、使用行为，维护品种选育者及种子生产者、经营者、使用者的合法权益。

（3）提高种子质量，推动种子产业化。种子是农业生产的基础，种子质量的好坏，决定着产量的高低和品质的优劣。种子质量水平关系到农业增效、农民增收和农村稳定，切实加强种子质量管理，对于增加农民收入、维护农村稳定、构建和谐社会具有重要意义。只有不断提高种子质量，才能实现种子产业化的良性发展。因此，《种子法》将提高种子质量，推动种子产业化作为立法的又一宗旨。针对种子本身的特点和我国种子质量存在的突出问题，《种子法》第四十九条对假、劣种子进行了特别规定，并禁止生产经营假、劣种子。

（4）根据《种子法》第四十九条的规定，下列种子为假种子：

① 以非种子冒充种子或者以此种品种种子冒充其他品种种子的；在棉花生产中主要表现在以常规种子冒充抗虫棉种子，以杂交棉二代种子冒充杂交棉种子。前者导致棉花虫害严重，增加治虫成本，后者导致后代严重分离，减产一般可达50％。

② 种子种类、品种与标签标注的内容不符或者没有标签的。由于不同品种的特征特性、适宜种植区域、栽培要点都不一样，品种不真实会给种子使用者造成误导，采用了不适宜的品种或不恰当的管理方法，最终造成大量减产。

（5）下列种子为劣种子：

① 质量低于国家规定标准的，如我国国家标准规定棉花发芽率为毛子70％、光子和包衣子为80％，如果棉花包衣种子发芽率标注为79％、毛子标注为68％，则可判为劣种子。

② 质量低于标签标注指标的，如果标签标注发芽率为88％，而种子实际发芽率为82％，尽管已超过国家标准规定的80％，但仍应判定为劣种子。

③ 带有国家规定的检疫性有害生物的。

（6）发展现代种业，保障国家粮食安全，促进农业和林业的发展。

① 着力搭建现代种业制度框架。建立现代种业制度，是确保国家粮食安全、种业安全、生态安全，保护农民权益，推进农业现代化的重要战略举措。种子法立足于种业国家战略性、基础性核心产业地位，着力构建以产业为主导、企业为主体、产学研结合、育繁推一体的现代种业法律制度，着力提升种业自主创新能力、知识产权保护能力、企业的市场竞争能力、供种保障能力和市场监管能力。

② 坚持发挥市场配置资源的决定性作用与政府严格监管有机结合。坚持市场化改革方向，主要由市场决定种业的资源配置，除公益性研究外，其他都通过市场竞争优胜劣汰。与此同时，划定政府监管边界，明确监管职责，建立市场导向下的严管模式。政府的监管要符合市场经济规律和种业发展规律，既不能事事包揽，也不能撒手不管，监管重点是规划计划、市场准入、市场秩序、质量标准、维护农民权益等。在监管环节上，做到事前、事中、事后全程监管，有法可依。

③ 把握"转型升级"的制度，循序渐进。种业制度设计既要体现发展方向，又不能超越发展阶段。改革路径体现"渐进式"和"小步快跑"的思路，不急于求成，与现阶段各主体的发展程度、科研水平、政府的监管能力及改革参与者的接受程度相适应，不拔苗助长。既学习借鉴国际上先进的种业管理经验，又不盲目照搬。

《种子法》将中共中央、国务院关于我国种业发展的方针政策以及被实践证明行之有效地做法转化为法律规范，涉及种质资源保护、种业科技创新、植物新品种权保护、主要农作物品种审定和非主要农作物品种登记、种子生产经营许可和质量监管、种业安全审查、转基因品种监管、种子执法体制、种业发展扶持保护和法律责任 10 个方面的内容。最终目的是保障国家粮食安全，促进农业和林业的发展。

3. 种子质量管理的基本框架　围绕《种子法》中"提高种子质量"这一立法宗旨，明确了种子质量监督管理体制，确定了种子企业、政府及其主管部门不同主体之间的权利、责任和义务，落实了质量责任追究制度，构成了种子质量管理的基本框架。

（1）种子企业是种子质量管理的主体。当前我国种子企业普遍通过书面委托的方式，采取"企业＋农户""企业＋合作社"等形式，组织农户或农村新型经营主体，开展种子生产活动。同时，在种子销售链条上，种子经销门店数量众多、销售渠道复杂，全国种子经销店有近 30 万家。不法分子制售假、劣种子，严重干扰种子市场正常秩序。《种子法》建立了种子生产经营备案制度，推进行政审批由事前许可向事中事后监管转移。备案内容主要包括种子生产经营者的基本情况及其所生产经营种子的相关信息。《种子法》明确种子企业加强管理，依法承担种子质量责任。

（2）政府对种子质量实施宏观管理。政府具有指导种子产业健康发展，促进种子质量全面提高，增强种子产业竞争力的重要责任。《种子法》第三条规定：各级人民政府及其有关部门应当采取措施，加强种子执法和监督，依法惩处侵害农民权益的种子违法行为。《种子法》第六条规定：省级以上人民政府应当根据科教兴农方针和农业、林业发展的需要制订种业发展规划并组织实施。《种子法》第五条规定：省级以上人民政府建立种子储备制度，主要用于发生灾害时的生产需要及余缺调剂，保障农业和林业生产安全。对储备的种子应当定期检验和更新。种子储备的具体办法由国务院规定。种子在发展现代农业中具有不可替代的重要作用，而种子又是特殊的生产资料，其生产经营受自然因素的影响，风险较大，这些特点决定了政府需要对种子产业实施宏观管理。

4. 种子质量的有关法律责任　《种子法》有关法律责任规定包括：《种子法》第四十六条规定了种子质量的民事赔偿责任；第七十条规定了种子行政主管人员的法律责任；第七十二条规定了种子质量检验机构出具虚假检验证明的法律责任；第七十五条、七十六条分别规定了生产经营假种子、劣种子的法律责任。对违法行为加大处罚力度，多举措保护农民利益，加大对坑农、害农种子违法行为的处罚力度，种子管理者的行为也被规范，管理者不作为或乱作为同样要受到处罚。对种子质量的处罚规定更加严厉：一是明确索赔渠道，种子使用者因种子质量问题或者因种子的标签和使用说明标注的内容不真实遭受损失的，可以向出售种子的经营者要求赔偿，也可以向种子生产者或者其他经营者要求赔偿；二是加大处罚力度，因生产经营假种子犯罪被判处有期徒刑以上刑罚的，种子企业或者其他单位的法定代表人、直接负责的主管人员自刑罚执行完毕之日起五年内不得担任种子企业的法定代表人、高级管理人员。

二、《中华人民共和国标准化法》

《中华人民共和国标准化法》（以下简称《标准化法》）颁布于 1988 年，确定了我国的标准体系、标准化管理体制和运行机制的框架。随后国务院于 1990 年颁布了《中华人民共和国标准化法实施条例》，对于贯彻落实《标准化法》的实施提出了具体的规定。为了发展社会主义商品经济，促进技术进步，改进产品质量，提高社会经济效益，维护国家和人民的利益，使标准化工作适应社会主义现代化建设和发展对外经济关系的需要，2017 年对原标准化法进行了修订。新修订的《标准化法》于 2018 年 1 月 1 日正式实施，全文共六章 45 条，分为总则、标准的制定、标准的实施、监督管理、法律责任、附则。新修订的标准化法对标准的制定、实施和监督管理做了全方位、全过程的规定。

1. 标准的分级 依据《标准化法》将标准划分为国家标准、行业标准、地方标准和团体标准、企业标准。

对需要在全国范围内统一的技术要求，应当制定国家标准。国家标准有国务院标准化行政主管部门（即国家标准化管理委员会，简称国标委）实行"四个统一管理"，即统一计划、统一审查、统一编号和统一批准发布。国家标准的代号为"GB"或"GB/T"，其含义是"国标"两个汉语拼音的第一个字母"G"和"B"的组合，"T"表示推荐性。

对没有国家标准又需要在全国某个行业范围内统一的技术要求，可以制定行业标准，作为对国家标准的补充，当相应的国家标准实施后，该行业标准应自行废止。行业标准由行业标准归口部门审批、编号、发布、实施统一管理。行业标准的归口部门及其所管理的行业标准范围，由国务院标准化行政主管部门审定，并公布该行业的行业标准代号。农业行业标准的代号为"NY"或"NY/T"，其含义是"农业"两个汉语拼音的第一个字母"N"和"Y"的组合，"T"表示推荐性。

对没有国家标准和行业标准而又需要在省（自治区、直辖市）范围内统一的技术要求，可以制定地方标准。地方标准由省（自治区、直辖市）标准化行政主管部门统一编制计划、组织制定、审批、编号、发布。地方标准的代号由汉语拼音字母"DB"加上省（自治区、直辖市）行政区划代码的前两位加斜线组成。团体标准是由团体按照团体确立的标准制定程序自主制定发布，由社会自愿采用的标准。

对企业范围内需要协调、统一的技术要求、管理要求和工作要求，企业可以制定企业标准。企业标准由企业法人代表或法人代表授权的主管领导批准、发布。企业产品标准应在发布后 30 日内按省（自治区、直辖市）人民政府的规定备案。企业标准的代号由汉语拼音字母"Q"加斜线加上企业代号组成。

2. 标准的性质 《标准化法》第二条规定：国家标准分为强制性标准和推荐性标准，行业标准、地方标准是推荐性标准。强制性标准必须执行，不符合强制性标准的产品，禁止生产、销售和进口。强制性标准可分为全文强制和条文强制两种形式，标准的全部技术内容需要强制时，为全文强制形式；标准中部分技术内容需要强制时，为条文强制形式。《标准化法》和《标准化法实施条例》还规定了生产、销售和进口不符合强制性标准的产品（或商品）应承担的法律责任。

我国的强制性标准属于技术法规的范畴，其范围与 WTO 规定的技术法规的 5 个方面，即"国家安全""防止欺诈""保护人身健康和安全""保护动植物生命和健康""保护环境"基本一致。

推荐性标准是一种可供选择的技术约定,它既不是技术法规、也不具有法律强制性。对于推荐性标准,国家鼓励企业自愿采用。推荐性标准规定的内容具有普遍的指导作用,允许单位结合自己的实际情况,灵活加以选用,不强制要求严格执行,以自愿采用为原则。虽然推荐性标准不要求各方严格遵守,但在下列情况下推荐性标准必须强制执行:一是被法规、规章所引用;二是被合同、协议所引用;三是向使用者声明其产品符合某项标准。

3. 种子检验与种子标准化的关系 种子标准化是促进先进的种子科研成果迅速推广,确保种子产品质量和安全,指导种子生产和合理利用,实现最佳经济效益、社会和生态效益目标的重要措施。但种子标准化的各个目标是否得以实现,还需要通过进一步实施种子检验的措施去验证。因此,种子标准化的各个环节都离不开种子检验,种子检验对种子标准化起到至关重要的监督、促进和指导作用。种子检验与种子标准化密不可分,它是种子标准化的重要组成部分。具体表现为以下几点:

(1)种子检验是品种标准化不可缺少的手段。要实现品种标准化目标,需要对每个优良品种,根据其特征特性方面的特点,制定出具体合理的品种标准,依此保证生产出符合该品种标准的种子。同时,在制定品种标准和掌握品种有无混杂退化或混杂退化程度时,都需要以品种标准为依据,进行田间和室内检定(检验),依此判定该品种是否达到了相应的标准。

(2)种子检验是保证种子质量标准化的必要措施。种子检验的最终目的,是为了掌握该批种子是否达到了应有的质量标准,以便为种子管理部门、种子生产单位、种子经营单位和用种者提供有关种子质量的可靠信息,达到充分发挥优良品种的增产潜力,最终实现农业发展的高产稳产目标。

(3)种子检验是各级种子繁殖的重要环节。每一个优良品种的各级种子,从育种家种子→原原种→原种→大田用种种子的繁殖过程中,其种子生产都必须按照规定的技术(操作)规程去实施,才能确保各级种子的质量。而种子检验和鉴定的主要任务,就是检验、监督种子生产是否符合相应级别的种子标准,以确保生产出符合质量标准的各级种子。

(4)种子检验对种子收获、加工具有指导和监督作用。各级种子在种子繁殖田生长至收获前,由于已按要求进行过田间检验,种子质量一般符合要求。但在种子收获、脱粒、运输过程中,由于工具、设备等清扫和管理不规范,会造成种子质量降低。另外,在种子干燥、清选和加工过程中,也会造成种子混杂而降低种子质量。这就需要在其整个过程中,采取相应措施,及时进行种子检验。

(5)种子检验是种子包装、运输和储藏安全的必要制度保障。种子包装、运输和储藏过程,也是造成种子混杂、引起不同程度质变的因素。为确保种子质量安全,必须在种子包装、运输和储藏的全过程中,建立及时的检验制度。特别是在种子储藏过程中,应及时抽样检验,掌握种子质量变化动态,确保种子质量安全。

三、《中华人民共和国计量法》

1985年9月6日第六届全国人民代表大会常务委员会第十二次会议通过了《中华人民共和国计量法》,目的是为了加强计量监督管理,保障国家计量单位制的统一和量值的准确可靠。该法第三条规定：国家采用国际单位制。国际单位制单位和国家选定的其他计量单位，为国家法定计量单位。国家计量单位的名称、符号由国务院公布。非国家计量单位应当废除。

1. 国际单位制的基本单位　国际单位制（SI）由 SI 基本单位、SI 导出单位和 SI 单位的倍数单位构成。SI 选择了长度、质量、时间、电流、热力学温度、物质的量和发光强度 7 个基本量，并给基本单位规定了严格的定义。其名称和单位符号见表 2-1。

表 2-1　国际单位制的基本单位

量的名称	单位名称	单位符号
长度	米	m
质量	千克（公斤）	kg
时间	秒	s
电流	安［培］	A
热力学温度	开［尔文］	K
物质的量	摩［尔］	mol
发光强度	坎［德拉］	cd

2. 国家选定的与种子检验有关的非国际单位制单位　由于在日常生活和一些特殊领域，还有一些广泛使用的非 SI 单位，因此，我国选定了若干非 SI 单位与 SI 单位一起，作为国家的法定计量单位，他们具有同等的地位，与种子检验有关的主要单位见表 2-2。

表 2-2　国家选定的与种子检验有关的非国际单位制单位

量的名称	单位名称	单位符号
时间	分	min
	［小］时	h
	天（日）	d
旋转速度	转每分	r/min
质量	吨	t
体积	升	L
面积	公顷	hm^2

四、《中华人民共和国农产品质量安全法》

为保障农产品质量安全，维护公众健康，促进农业和农村经济发展，由中华人民共和国第十届全国人民代表大会常务委员会第二十一次会议于 2006 年 4 月 29 日通过《中华人民共和国农产品质量安全法》（以下简称《农产品质量安全法》），自 2006 年 11 月 1 日起施行。《农产品质量安全法》共八章五十六条，包括总则、农产品质量安全标准、农产品产地、农产品生产、农产品包装和标识、监督检查、法律责任及附则等内容，涵盖了农产品生产到包装的关键环节监管内容。

1.《农产品质量安全法》的重要意义　"国以民为本，民以食为天，食以安为先"。农产品质量安全直接关系到人民群众的日常生活、身体健康和生命安全；关系社会的和谐稳定和民族发展；关系农业对外开放和农产品在国内外市场的竞争。《农产品质量安全法》的正式出台，是关系"三农"乃至整个经济社会长远发展的一件大事，具有十分重大而深远的影响和划时代的意义。《农产品质量安全法》是坚持科学发展观，推动农业生产方式转变，为发展高产、优质、高效、生态、安全的现代农业和社会主义新农村建设提供坚实支撑的现实要求；是构建和谐社会，规范农产品产销秩序，保障公众农产品消费安全，维护最广大人民群众根本利益的可靠保障；是推进农业标准化，提高农产品质量安全水平，全面提升我国农产品竞争力，应对农业对外开放和参与国际竞争的重大举措；是填补法律空白，推进依法行政，转变政府职能，促进体制创新、机制创新和管理创新的客观要求。

2. 出台《农产品质量安全法》的有关背景　人们每天消费的食物，有相当大的部分是直接来源于农业的初级产品，即农产品质量安全法所称的农产品。农产品的质量安全状况如何，直接关系着人民群众的身体健康乃至生命安全。农产品质量安全问题被称之为社会四大问题（人口、资源、环境）之一。农产品的农（兽）药残留及有害物质超标；食物中毒事件不断发生，食品质量问题近几年居消费者投诉之首。近年来，全球有数亿人因为摄入污染的食品和饮用水而生病。中国每年食物中毒报告例数为 2 万～4 万人，专家估计每年实际食物中毒例数为 20 万～40 万人。

3.《农产品质量安全法》的调整范围和主要内容　《农产品质量安全法》调整的范围包括 3 个方面的内涵。一是关于调整的产品范围问题，该法所指农产品是指来源于农业的初级产品，即在农业活动中获得的植物、动物、微生物及其产品；二是关于调整的行为主体问题，既包括农产品的生产者和销售者，也包括农产品质量安全管理者和相应的检测技术机构和人员等；三是关于调整的管理环节问题，既包括产地环境、农业投入品的科学合理使用、农产品生产和产后处理的标准化管理，也包括农产品的包装、标识、标志和市场准入管理。可以说，《农产品质量安全法》对涉及农产品质量安全的方方面面都进行了相应的规范，调整的对象全面、具体，符合中国的国情和农情。《农产品质量安全法》共分八章五十六条，内涵丰富。第一章是总则，对农产品的定义，农产品质量安全的内涵，法律的实施主体，经费投入，农产品质量安全风险评估、风险管理和风险交流，农产品质量安全信息发布，安全优质农产品生产，公众质量安全教育等方面作出了规定；第二章是农产品质量安全标准，对农产品质量安全标准体系的建立，农产品质量安全标准的性质，农产品质量安全标准的制定、发布、实施的程序和要求等进行了规定；第三章是农产品产地，对农产品禁止生产区域的确定，农产品标准化生产基地的建设，农业投入品的合理使用等方面做出了规定；第四章是农产品生产，对农产品生产技术规范的制定，农业投入品的生产许可与监督抽查、农产品质量安全技术培训与推广、农产品生产档案记录、农产品生产者自检、农产品行业协会自律等方面进行了规定；第五章是农产品包装和标识，对农产品分类包装、包装标识、包装材质、转基因标识、动植物检疫标识、无公害农产品标志和优质农产品质量标志做出了规定；第六章是监督检查，对农产品质量安全市场准入条件监测和监督检查制度、检验机构资质、社会监督、现场检查、事故报告、责任追溯、进口农产品质量安全要求等进行了明确规定；第七章是法律责任，对各种违法行为的处理、处罚做出了规定；第八章是附则。

4.《农产品质量安全法》确立的基本制度　整个法律主要包括以下 10 项基本制度：

（1）政府统一领导、农业主管部门为主体、相关部门分工协作配合的农产品质量安全管理体制，这一管理体制明确了农业主管部门在农产品质量安全监管中的主体地位（《农产品质量安全法》第三条、第四条、第五条等）。

（2）农产品质量安全标准的强制实施制度，政府有关部门应按照保障农产品质量安全的要求，依法制定和发布农产品质量安全标准并监督实施，不符合农产品质量安全标准的农产品，禁止销售（《农产品质量安全法》第八条和第二章全部）。

（3）防止因农产品产地污染而危及农产品质量安全的农产品产地管理制度（《农产品质量安全法》第三章全部）。

（4）农产品生产记录制度和农业投入品生产、销售、使用制度（《农产品质量安全法》第二十条至二十五条）。

（5）农产品质量安全市场准入制度（《农产品质量安全法》第三十三条、第三十七条）。

（6）农产品的包装和标识管理制度（《农产品质量安全法》第二十八条至第三十二条）。

（7）农产品质量安全监测制度（《农产品质量安全法》第二十六条、第三十四条至第三十六条）。

（8）农产品质量安全监督检查制度（《农产品质量安全法》第三十九条等）。

（9）农产品质量安全的风险分析、评估制度和信息发布制度（《农产品质量安全法》第六条、第七条等）。

（10）对农产品质量安全违法行为的责任追究制度（《农产品质量安全法》第四十条、第四十一条和第七章全部）。

同时，法律还明确了各级政府要将农产品质量安全管理工作纳入本届国民经济和社会发展规划，并安排农产品质量安全经费，用于开展农产品质量安全工作。

5.《农产品质量安全法》的配套规章制度 农业农村部出台并与《农产品质量安全法》同期实施的相关配套规章制度有《农产品产地安全管理办法》《农产品包装与标识管理办法》《农产品质量安全检测机构资格认定管理办法》和《农产品质量安全监测管理办法》等。同时，要求各级地方人民政府和农业主管部门积极做好相关配套规章制度建设。

6.《农产品质量安全法》对农产品产地管理的规定 生产过程是影响农产品质量安全的关键环节。《农产品质量安全法》对农产品生产者在生产过程中保证农产品质量安全的基本义务作了规定，主要包括：

（1）依照规定合理使用农业投入品。农产品生产者应当按照法律、行政法规和国务院农业主管部门的规定，合理使用化肥、农药、兽药、饲料和饲料添加剂等农业投入品。严格执行农业投入品使用安全间隔期或者休药期的规定，禁止使用国家明令禁止使用的农业投入品，防止因违反规定使用农业投入品危及农产品质量安全。

（2）依照规定建立农产品生产记录。农产品生产企业和农民专业合作经济组织应当建立农产品生产记录，如实记载使用农业投入品的有关情况、动物疫病和植物病虫草害的发生和防治情况，以及农产品收获、屠宰、捕捞的日期等情况。

（3）对其生产的农产品的质量安全状况进行检测。农产品生产企业和农民专业合作经济组织应当自行或者委托检测机构对其生产的农产品的质量安全状况进行检测，经检测不符合农产品质量安全标准的，不得销售。为贯彻实施好《农产品质量安全法》中关于农产品产地管理的规定，农业农村部进一步制定了《农产品产地安全管理办法》。

7.《农产品质量安全法》对农产品生产者在生产过程中应当遵守保障农产品质量安全的

规定 生产过程是影响农产品质量安全的关键环节。《农产品质量安全法》对农产品生产者在生产过程中保证农产品质量安全的基本义务作了规定，主要包括：

（1）依照规定合理使用农业投入品。农产品生产者应当按照法律、行政法规和国务院农业主管部门的规定，合理使用化肥、农药、兽药、饲料和饲料添加剂等农业投入品。严格执行农业投入品使用安全间隔期或者休药期的规定，禁止使用国家明令禁止使用的农业投入品，防止因违反规定使用农业投入品危及农产品质量安全。

（2）依照规定建立农产品生产记录。农产品生产企业和农民专业合作经济组织应当建立农产品生产记录，如实记载使用农业投入品的有关情况、动物疫病和植物病虫草害的发生和防治情况，以及农产品收获、屠宰、捕捞的日期等情况。

（3）对其生产的农产品的质量安全状况进行检测。农产品生产企业和农民专业合作经济组织应当自行或者委托检测机构对其生产的农产品的质量安全状况进行检测，经检测不符合农产品质量安全标准的，不得销售。

8.《农产品质量安全法》对农产品包装和标识的规定 逐步建立农产品的包装和标识制度，对于方便消费者识别农产品质量安全状况及逐步建立农产品质量安全追溯制度，都具有重要作用。《农产品质量安全法》对于农产品包装和标识的规定主要包括：

（1）对国务院农业主管部门规定在销售时应当包装和附加标识的农产品，农产品生产企业、农民专业合作经济组织以及从事农产品收购的单位或者个人，应当按照规定包装或者附加标识后方可销售；属于农业转基因生物的农产品，应当按照农业转基因生物安全管理的规定进行标识。依法需要实施检疫的动植物及其产品，应当附有检疫合格的标志、证明。

（2）农产品在包装、保鲜、储存、运输中使用的保鲜剂、防腐剂和添加剂等材料，应当符合国家有关强制性的技术规范。

（3）销售的农产品符合农产品质量安全标准的，生产者可以申请使用无公害农产品标识；农产品质量符合国家规定的有关优质农产品标准的，生产者可以申请使用相应的农产品质量标志。为贯彻实施好《农产品质量安全法》中关于农产品包装和标识的规定，农业农村部进一步制定了《农产品包装与标识管理办法》。

9.《农产品质量安全法》对农产品质量安全实施监督检查的规定 依法实施对农产品质量安全状况的监督检查，是防止不符合农产品质量安全标准的产品流入市场、进入消费，危害人民群众健康、安全后果的必要措施，是农产品质量安全监管部门必须履行的法定职责。《农产品质量安全法》规定的农产品质量安全监督检查制度的内容，主要包括：

（1）县级以上农业主管部门应当制定并组织实施农产品质量安全监测计划，对生产中或者市场上销售的农产品进行监督抽查，监督抽查结果由省级以上农业主管部门予以公告，以保证公众对农产品质量安全状况的知情权。

（2）监督抽查检测应当委托具有相应的检测条件和能力的检测机构承担，并不得向被抽查人收取费用。被抽查人对监督抽查结果有异议的，可以申请复检。

（3）县级以上农业主管部门可以对生产、销售的农产品进行现场检查，查阅、复制与农产品质量安全有关的记录和其他资料，调查了解有关情况。对经检测不符合农产品质量安全标准的农产品，有权查封、扣押。

（4）对检查发现的不符合农产品质量安全标准的产品，责令停止销售、进行无害化处理或者予以监督销毁；对责任者依法给予没收违法所得、罚款等行政处罚；对构成犯罪的，由司法机关依法追究刑事责任。

10.《农产品质量安全法》对国家建立农产品质量安全监测制度的规定 建立农产品质量安全监测制度是为了全面、及时、准确地掌握和了解农产品质量安全状况，根据农产品质量安全风险评估结果，对风险较大的进行例行监测，既为政府管理提供决策依据，又为有关团体和公众及时了解相关信息，最大限度地减少影响农产品质量安全因素对人民身体的危害。农产品质量安全监测制度的具体规定主要包括：监测计划的制订依据、监测的区域、监测的品种和数量、监测的时间、产品抽样的地点和方法、监测的项目和执行标准、判定的依据和原则、承担的单位和组织方式、呈送监测结果和分析报告的格式、结果公告的时间和方式等。为贯彻实施好《农产品质量安全法》中关于实施农产品质量安全监测制度的规定，农业农村部进一步制定了《农产品质量安全监测管理办法》。

11.《农产品质量安全法》对检测机构的规定 《农产品质量安全法》规定，监督抽查检测应当委托相关的农产品质量安全检测机构进行，检测机构必须具备相应的检测条件和能力，由省级以上人民政府的农业行政主管部门或者其授权的部门考核合格，同时应当依法经计量认证合格。规定应当充分利用现有的符合条件的检测机构，主要是避免重复建设和资源浪费。建立农产品质量安全检验检测机构，开展农产品生产环节和市场流通等环节质量安全监测工作，是实施农产品质量安全监管的重要手段，也是世界各国尤其是发达国家的普遍做法。在《农产品质量安全法》中做这样的规定，对于政府依法开展农产品质量安全监管，确保农产品质量安全，保证人民群众的身体健康和生命安全，具有十分重要的意义。目前，通过农业农村部授权认可和国家计量认证的农产品质量安全检验检测中心已达238家，全国各省、市、县农业农村部门已经建立检测机构1 100多家，检测内容基本涵盖了主要农产品、农业投入品和农业环境等相关领域，拥有各类检测技术人员近2万名。为贯彻实施好《农产品质量安全法》中关于农产品质量安全检测机构的有关规定，农业农村部进一步制定了《农产品质量安全检测机构资格认定管理办法》。

第二节 法 规

一、《农作物种子标签管理办法》

为加强农作物种子标签管理，规范标签的制作、标注和使用行为，保护种子生产者、经营者、使用者的合法权益，根据《中华人民共和国种子法》的有关规定，2001年2月26日农业部令第49号发布了《农作物种子标签管理办法》，包括总则、标注内容、制作、使用和管理以及附则，共四章二十二条。

二、《农作物种子质量监督抽查管理办法》

为加强农作物种子质量监督管理，维护种子市场秩序，规范农作物种子质量监督抽查工作，根据《中华人民共和国种子法》及有关法律、行政法规的规定，2005年3月10日农业部令第50号公布了《农作物种子质量监督抽查管理办法》，包括总则、监督抽查计划和方案确定、扦样、检验和结果报送、监督抽查结果处理、监督抽查管理以及附则，共七章四十三条。

三、《农作物种子质量纠纷田间现场鉴定办法》

为规范农作物种子质量纠纷田间现场鉴定程序和方法，合理解决农作物种子质量纠纷，维护种子使用者和经营者的合法权益，根据《中华人民共和国种子法》及有关法律、行政法规的规定，2003 年 7 月 8 日农业部令第 28 号公布了《农作物种子质量纠纷田间现场鉴定办法》，共二十二条。

四、《农作物种子生产经营许可证管理办法》

为加强农作物种子生产经营许可管理，规范农作物种子生产经营秩序，根据《中华人民共和国种子法》，2016 年 7 月 8 日农业部令第 5 号公布了《农作物种子生产经营许可证管理办法》，共六章三十九条。

五、《定量包装商品计量监督管理办法》

为保护消费者和生产者、销售者的合法权益，规范定量包装商品的计量监督管理，根据《中华人民共和国计量法》并参照国际通行规则，2005 年 5 月 30 日国家质量监督检验检疫总局令 75 号公布了《定量包装商品计量监督管理办法》，共二十四条。

六、《农业转基因生物标识管理办法》

为了加强对农业转基因生物的标识管理，规范农业转基因生物的销售行为，引导农业转基因生物的生产和消费，保护消费者的知情权，根据《农业转基因生物安全管理条例》的有关规定，2002 年 1 月 5 日农业部令第 10 号公布了《农业转基因生物标识管理办法》，共十六条。

七、《转基因棉花种子生产经营许可规定》

为加强转基因棉花种子生产经营许可管理，根据《中华人民共和国种子法》《农业转基因生物安全管理条例》《农作物种子生产经营许可管理办法》，农业部于 2016 年 9 月 18 日公布《转基因棉花种子生产经营许可规定》，共九条。

第三节　标　准

一、《农作物种子检验规程》（GB/T 3543.1～3543.7）

为规范种子扦样程序和种子质量检测项目的操作程序，国家技术监督局以技监国标函 (1995) 170 号文发布了《农作物种子检验规程》，1996 年 6 月 1 日起在全国全面实施。该标准包括总则、扦样、净度分析、发芽试验、真实性和品种纯度鉴定、水分测定及其他项目检验 7 个部分。

二、《经济作物种子　第 1 部分：纤维类》（GB 4407.1）

2008 年 4 月 14 日，由国家质量监督检验检疫总局和国家标准化管理委员会共同发布，2008 年 9 月 1 日起实施。该标准规定了种子质量要求由质量指标和质量标注值组成。质量指标包括品种纯度、净度、发芽率、水分；质量标注值应真实，并符合本标准质量要求。该标准规定了棉花种子原种、大田用种、毛子、光子、薄膜包衣子的定义，棉花种子的质量指标。棉花种子质量要求见表 2-3。

表 2-3　棉花种子质量要求（%）

作物种类	种子类型	种子类别	品种纯度不低于	净度（净种子）不低于	发芽率不低于	水　分不高于
棉花常规种	棉花毛子	原种	99.0	97.0	70	12.0
		大田用种	95.0			
	棉花光子	原种	99.0	99.0	80	12.0
		大田用种	95.0			
	棉花薄膜包衣子	原种	99.0	99.0	80	12.0
		大田用种	95.0			
棉花杂交种亲本	棉花毛子		99.0	97.0	70	12.0
	棉花光子		99.0	99.0	80	12.0
	棉花薄膜包衣子		99.0	99.0	80	12.0
棉花杂交一代种	棉花毛子		95.0	97.0	70	12.0
	棉花光子		95.0	99.0	80	12.0
	棉花薄膜包衣子		95.0	99.0	80	12.0

三、《农作物薄膜包衣种子技术条件》（GB/T 15671）

该标准于 2009 年 3 月 27 日由国家质量监督检验检疫总局和国家标准化管理委员会共同发布，2009 年 10 月 1 日开始实施。该标准规定了薄膜包衣种子技术要求，质量检验以及标志、包装、运输和储存。本标准适用于小麦、水稻、玉米、棉花、大豆、高粱、谷子等农作物的薄膜包衣种子。本标准规定的棉花种子的包衣合格率见表 2-4。

表 2-4　薄膜包衣种子包衣合格率质量指标（%）

项　目	棉　花
包衣合格率	≥94

四、《农作物种子标签通则》（GB 20446）

为了规范农作物种子标签的标注、制作与使用行为，指导企业正确标注农作物标签，明示质量信息，明确质量责任，加强质量监督，根据《中华人民共和国种子法》《农业转基因生物安全管理条例》《农作物种子标签管理办法》等有关法规的规定制定了该标准。于2006年7月12日由国家质量监督检验检疫总局和国家标准化管理委员会共同发布，2016年11月1日开始实施。该标准对农作物种子标签的标注内容、制作要求和使用监督等原则性规定做出了进一步的规范、指导和示例。

《农作物种子标签通则》实行全文强制。根据《标准化法》规定，强制性标准必须执行，不符合强制性标准的产品，禁止生产、销售和进口。本标准强调标注内容要真实、合法、规范。首先，种子标签标注内容应真实有效，与销售的农作物商品种子相符；其次，种子标签标注内容应符合国家法律法规的规定，满足相应技术规范的强制性要求；最后，还要规范，种子标签标注内容表述应准确、科学、规范，规定标注内容应在标签上描述完整。种子标签制作形式符合规定的要求，印刷清晰、易辨，警示标志醒目。

1. 种子标签内容的判定规则　对种子标签内容进行质量判定时，应符合下列规则：

（1）作物种类、品种名称和产地与种子标签标注内容不符的，判为假种子。

（2）质量检测值任一项达不到相应标注值的，判为劣种子。

（3）质量标注值任一项达不到技术规范强制性要求所明确的相应规定值的，判为劣种子。

（4）质量标注值任一项达不到已声明符合推荐性国家标准（或行业标准或地方标准）、企业标准所明确的相应规定值的，判为劣种子。

（5）带有国家规定检疫性有害生物的，判为劣种子。

2. 关于质量指标的规定　《农作物种子标签管理办法》第八条规定："质量指标是指生产商承诺的质量指标，按品种纯度、净度、发芽率、水分指标标注"。但是承诺不得低于强制性国家标准、行业标准已确定的规定值。

（1）标注值。商品种子标签上所标注的种子某一质量指标的最低值（如发芽率、纯度、净度等指标）或最高值（如水分指标）。

（2）规定值。技术规范或标准中规定的商品种子某一质量指标所能容许的最低值（如发芽率、纯度、净度等指标）或最高值（如水分指标）。

（3）检测值。检测商品种子代表性样品所获得的某一质量指标的测定值。

五、《硫酸脱绒与包衣棉花种子》（NY 400）

1. 质量指标　依据《农作物种子检验规程》《经济作物种子纤维类》《主要农作物包衣种子技术条件》，制定了该标准。标准中分别规定了棉花种子毛子、光子、包衣子的质量指标，分别见表2-5～表2-7。

表 2-5 毛子质量指标（%）

项目	纯度		净度	发芽率	水分	健籽率	破籽率	短绒率
	原种	良种						
质量指标	≥99.0	≥95.0	≥97.0	≥70	≤12.0	>75	≤5	≤9

表 2-6 光子质量指标（%）

项目	纯度		净度	发芽率	水分	残酸率	破籽率	残绒指数
	原种	良种						
质量指标	≥99.0	≥95.0	≥99.0	≥80	≤12.0	≤0.15	≤7	≤27

表 2-7 包衣子质量指标（%）

项目	纯度		净度	发芽率	水分	破籽率	种衣覆盖度	种衣牢固度
	原种	良种						
质量指标	≥99.0	≥95.0	≥99.0	≥80	≤12.0	≤7	≥7	≥99.65

2. 判定规则

（1）以品种纯度指标为划分种子质量级别的依据。纯度达不到原种指标降为良种，达不到良种即为不合格种子。

（2）净度、发芽率、水分其中一项达不到指标的为不合格种子。

（3）光子质量指标中残酸率、残绒指数，其中两项均达不到指标的为不合格种子。

（4）包衣种子质量指标中种衣覆盖度、种衣牢固度，其中一项达不到指标的为不合格种子。

六、《棉花种子快速发芽试验方法》（NY/T 1385）

《农作物种子检验规程》（GB/T 3543.1～3543.7）已经发布实施多年，这对于实现我国种子检验结果与国际种子检验结果的可比性和有效性，满足国内外种子贸易发展的需要，加强种子质量管理，促进种子产业化的发展，产生了积极而深远的影响。但是，该标准规定棉花种子发芽试验从开始到结束需要 12 天时间，而棉花种子生产、加工、销售中往往迫切需要快速了解种子的发芽能力，以决定种子能否加工和销售，以减少或避免不必要的损失。因此，为顺应棉种检测工作的需要，制定了《棉花种子快速发芽试验方法》（NY/T 1385—2007）。该标准规定了棉花种子快速发芽试验方法的试验条件与操作程序。《棉花种子快速发芽试验方法》中规定了以下两种芽床发芽试验方法及其鉴定标准：

1. 采用沙床发芽　每株幼苗必须按第七章规定的方法进行鉴定，沙床发芽初次计数的天数为 3 天（72 小时），末次计数的天数为 4 天（96 小时）。

2. 采用纸床发芽　胚根和下胚轴总长度大于种子长度的 2 倍，有主根且下胚轴无病的种子，记为正常发芽种子。发芽试验结束时胚根和下胚轴总长度小于种子长度的 2 倍或无主根，下胚轴发病、畸形、腐烂的种子，记为不正常发芽种子。纸床发芽初次计数的时间为 1 天（24 小时），末次计数的时间为 2 天（48 小时）。在计数过程中，发育良好的正常幼苗应从发芽床中捡出，对可疑或损伤的、畸形或不均衡的幼苗，通常到末次记数，严重腐烂的幼苗或发霉的种子应从发芽床中除去。

第三章　棉花种子检验相关的国际组织

第一节　国际种子检验协会

国际种子检验协会（International Seed Testing Association，ISTA），是一个由各国官方种子检验室（站）和种子技术专家组成的世界性的政府间非营利性组织，成立于 1924 年。目前，已拥有 210 位会员代表和 162 个检验室，分别来自于世界的 74 个国家，是全球公认的种子标准化权威组织。其主要目标是制定、修订、出版和推行国际种子检验规程。促进在国际种子贸易中广泛采用一致性的标准检验程序。发展种子科学技术的研究和培训工作。该组织的主要任务是召开世界性种子会议，讨论和修订国际种子检验规程，交流种子科技研究成果。组织与举办种子技术培训班、讨论会和研讨会；加强与其他国际机构的联系和合作；编辑和出版发行 ISTA 刊物；颁发国际种子检验证书。

种子检验的国际标准是由国际种子检验协会制定的《国际种子检验规程》。目前，世界上开展标准化工作的组织有国际组织和区域性组织，但只有被国际标准化组织（ISO）认可并被收入 KWIC 索引中的组织制定的标准才称为国际标准。国际种子检验协会是被 ISO 列入 KWIC 索引的组织，因此，它制定的《国际种子检验规程》为国际标准，也是种子检验的唯一国际标准，被全世界许多国家种子法引用，作为评价种子质量的法定方法，为推动全球种子贸易做出了巨大的贡献。

第二节　经济合作与发展组织

经济合作与发展组织（Organization for Economic Co‑operation and Development），简称经合组织（OECD），是由 35 个市场经济国家组成的政府间国际经济组织，旨在共同应对全球化带来的经济、社会和政府治理等方面的挑战，并把握全球化带来的机遇。成立于 1961 年，目前成员总数 36 个，总部设在巴黎。经合组织的宗旨：促进成员国经济和社会的发展，推动世界经济增长；帮助成员国政府制定和协调有关政策，以提高各成员国的生活水准，保持财政的相对稳定；鼓励和协调成员国为援助发展中国家作出努力，帮助发展中国家改善经济状况，促进非成员国的经济发展。

现行种子方案为《国际贸易流通中 OECD 品种认证方案》，它包括 3 部分的内容：一是理事会决定；二是适用于所有种子方案的有关法律和通用文本，包括基本原则、实施方案、OECD 种子方案扩展至非 OECD 成员国的程序、参加一项或多项 OECD 种子方案的国家目录清单、偏离规则试验 5 个文件；三是种子方案，包括禾本科牧草和豆科种子、十字花科种子和其他油料或纤维类种子、禾谷类种子、糖用和饲用甜菜种子、匍匐三叶草和类似种的种子、玉米和高粱种子、蔬菜种子 7 个种子方案。

经济合作与发展组织将种子认证的规则和程序称为种子方案，其制定种子方案的主要目的是根据公认的原则，为国际贸易生产和加工的种子授权使用种子认证标签和证书。由于该种子方案简化了种子贸易程序，增加了市场的透明度和开放性，消除了贸易技术壁垒，而成为了"种子贸易的通行证"。

第三节　国际植物新品种保护联盟

国际植物新品种保护联盟（International Union For The Protection Of New Varieties Of Plants，UPOV），它是一个政府间的国际组织，总部设在日内瓦。我国于1999年4月23日正式加入UPOV。成员根据国际植物新品种保护公约规定的原则，分别对植物新品种授予品种权。

UPOV的职责主要有3个方面：一是协调各成员之间在植物保护方面的政策、法律及实施步骤，以保障育种者在国际上的合法权益；二是协调育种者的利益分配，促进农业快速发展；三是协调各成员对植物新品种进行测定和描述，统一检测方法。

为了使成员对品种进行检测描述标准化，促进成员之间在行政和技术领域的合作，国际植物新品种保护联盟制定了《植物新品种特异性、一致性和稳定性检测方法指南》。其中，特异性（distinctness）是指新品种在申请保护时应当明显区别于递交申请以前已知的植物品种，特异性的确定是植物品种保护的核心内容；一致性（uniformity）是指新品种经过繁殖，除可以预见的变异外，其他相关的特征特性一致。可以预见的变异指的是根据遗传世代的不同而表现出来的变异；稳定性（stability）是指申请新品种权的品种经过反复的繁殖后或者在特定的繁殖周期后，其有关的特征特性保持稳定没有发生变化。

第四节　国际种子联盟

国际种子联盟（International Seed Federation，ISF）。是为了适应国际种子贸易流通的新形式，由FIS（International Seed Trade Federation）和ASSINSEL（International Association of Plant Breeders）于2002年5月在美国芝加哥合并后形成的新组织。总部设在瑞士的尼翁（Nyon），ISF是个非政府、非营利的种子工业组织，截至2002年11月遍及69个发达和发展中国家，有1 500多个企业或公司是其会员。ISF代表着世界种子贸易和植物育种界的主流，并且为有关世界种子贸易问题提供论坛。ISF优化FIS和ASSINSEL的工作内容，更好更全面服务于全球种子贸易并保护种子生产者、种子消费者、种子经营者和植物育种学家的利益。

ISF以国际水准代表着成员的利益，它的主要任务是：进一步消除国际种子贸易壁垒，协调改善各成员关系；完善和发展种子自由流通的贸易体制和合理规章制度，从而有利于维护农民、种植者、工厂和消费者的利益；提高全社会对ISF成员在发展、生产和利用高质量种子和现代技术后对世界食品安全、遗传多样性、农业可持续发展中的主要贡献和存在价值；鼓励建立和保护在植物育种、植物生物技术、种子技术和相关领域投资研究中获得的个人在种子、植物品种和相关技术方面的权利；保护种子生产、销售、加工企业和种子消费者的利益；保护植物育种者和投资者在种子流通、使用过程中应有的利益分配；通过公布世界市场和技术许可的规则有助于种子和其他繁殖材料营销；通过斡旋、和解或仲裁公平公正的解决贸易争端；鼓励和支持国家及地区种子学会的发展；及时提供各国种子的金额、国家间不同年份种子贸易进出口贸易额、国家间不同作物种子的贸易进出口额、转基因作物全球种植面积、转基因植物品种的特性等种子贸易信息；鼓励和支持全球范围对种子种植者的教育和培训。

　　ISF 具体工作是在国际植物新品种保护联盟（UPOV）、经济合作发展组织（OECD）、国际种子检验协会（ISTA）、联合国粮农组织（FAO）等国际组织中，代表种子和植物育种行业；加强各成员间的交流，包括一年一度的会议互通种子贸易和植物育种的近期发展信息、相互关注的问题以达成共识；与种子消费者和种子经营者进行合同签约。给会员出版会议报告、季度业务通信和种子贸易销售数据。制定规则：ISF 已明确和制定了买卖双方合同关系的标准；制订国际种子贸易仲裁规则。有了这些组织制定的法律法规，种子在世界范围内才能做到自由贸易，安全流通。

第四章　棉花种子扦样

第一节　扦样概述

一、扦样目的

从大量的种子中，随机取得一个重量适当，有代表性的供检样品。扦样是种子取样或抽样的名称，由于扦取种子样品通常采用扦样器取样，因而在种子检验上俗称为扦样。

二、扦样意义

扦样是棉种检验的首要环节，是开展种子检验工作的第一步，扦样技术正确与否直接影响种子检验结果。由于种子数量较大，要全部进行细微检验是不可能的，因此，只能抽取其中很少一部分样品进行检验分析。如果扦样有问题，扦取样品缺乏代表性，那么无论后来检测多么准确，都不会获得符合实际的检验结果，这将可能导致对整批种子质量做出错误的判断，从而对种子生产者、经营者、使用者、农业行政主管部门、种子认证机构等产生不良影响，甚至造成不应有的损失。

三、扦样原则

1. 被扦种子批均匀一致　这是扦样的前提，只有当种子批中的种子质量足够均匀时，才有可能从中扦取到有代表性的样品。如果种子批存在异质性，无论如何都不可能扦取到有代表性的样品。

2. 按照预定的扦样方案采取适宜的扦样器和扦样技术扦取样品　为了扦取有代表性的样品，检验规程对扦样方案所涉及的关键三要素即扦样频率、扦样点分布以及各个扦样点扦取相等种子数量作了明确规定。扦样时必须符合这些规定的要求，并选择适宜的扦样器具和扦样技术进行扦取。

3. 按照对分递减或随机抽取原则分取样品　分样时必须符合检验规程中规定的对分递减或随机抽取的原则和程序，并选择适宜的分样器和分样技术分取样品。

四、与扦样有关的术语

1. 种子批的概念　同一来源、同一品种、同一年度、同一时期收获和质量基本一致、在规定数量之内的种子〔种子批可以是同一种子田收获的种子，也可以是同一农场不同种子田收获的种子混合而成。棉花种子批的最大重量为 25 000 千克（＋5％）〕。

2. 初次样品 对种子批的一次扦取操作中所获得的一部分种子。

3. 混合样品 同种子批内所扦取的全部初次样品合并混合而成的样品。

4. 次级样品 通过分样所获得的部分样品。

5. 送验样品 送达检验室的样品，该样品可以是整个混合样品或是从其中分取的一个次级样品。送验样品可再分成由不同材料包装以满足特定检验（如水分或种子健康）需要的次级样品。

6. 备份样品 从相同的混合样品获得的用于送验的另外一个样品，标识为"备份样品"。

7. 试验样品 不低于检验规程中所规定重量的、供某一检验项目之用的样品。它可以是整个送验样品或是从其中分取的一个次级样品。如棉花种子送验样品不低于 1 000 克，净度分析不低于 350 克。

五、仪器设备

扦取样品所用主要仪器设备除表 4 - 1 列出的以外，还包括：分样板、盛样袋、封条、胶带、针线等。

表 4 - 1　主要仪器及适用范围

名　　称	型号或规格	适用范围	精度
单管扦样器	0.75 米	光子和包衣子	—
管式扦样器	管长 1.2 米，管粗 4.5 厘米	散装种子	—
锥形扦样器	长柄，取样头直径 5 厘米	锥形露天堆放的棉种	—
分样器	钟鼎式或横格式	光子和包衣子	—
电子秤	赛多利斯 1413	0～10 千克	0.1 克

第二节　扦样前的准备

一、制订扦样方案

扦样前，由业务室根据检测任务制订切实可行的扦样方案，内容包括扦样地点、扦样人员、扦样时间、扦样数量、样品包装及封缄、对扦样人员的要求。

二、准备工作

扦样人员首先应了解此次扦样任务的目的，做好扦样器具准备，如扦样器（图 4 - 1）、分样器（图 4 - 2、图 4 - 3）、天平（图 4 - 4）、扦样单、扦样袋、封条、水分测定用的密闭容器等，并清理干净备用。

除物质上的准备外，扦样人员到达扦样点后，还应向种子生产、经营或使用单位了解与所需抽取的种子和质量有关的各种情况，包括种子来源、产地、品种名称、加工与保管方式等。

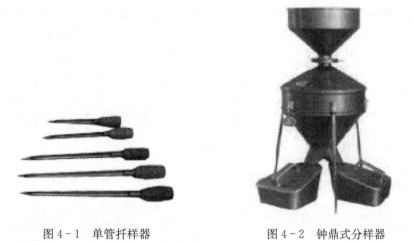

图 4-1　单管扦样器　　　　　　　图 4-2　钟鼎式分样器

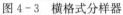

图 4-3　横格式分样器　　　　　　图 4-4　电子天平

三、了解情况

扦样人员到达扦样单位后，应向被扦单位了解种子批的来源、产地、品种名称、批量、生产年度、加工与保管方式、自检质量等，并对种子批进行检查，确定是否符合包装堆放规定。

四、种子批的划分

在了解情况的基础上，对同一品种、同一产地、同一年度、同一季节收获、质量基本一致的种子划为一批种子。棉花种子批的最大量为 25 000 千克，容许误差为 5%。若超过规定重量时，须将其分成若干个种子批，分别给以批号，分别扦取独立样品。

五、检查种子批

检查种子批的均匀度：被扦种子批应在扦样前进行适当混合、掺匀和机械加工处理，使其均匀一致。若种子包装物或种子批没有标记或能明显地看出该批种子在形态或文件记录上有异质性的证据时，应拒绝扦样。如对种子批的均匀度发生怀疑，或扦取的初次样品差异较大时，则要进行异质性分析，应要求被扦单位对种子批进行适当选剔，分批或精选加工处理，使种子批达到均匀一致时，再重新扦样。

被扦包装物都必须封口；应贴有标签或加以标记，种子批的排列应使各个包装物或该批种子的各部分便于扦取。

六、送验样品最小重量

一般根据检验项目的不同，决定送验样品的重量。一般检验项目送验样品 1 000 克，包括重型混杂物测定、净度分析、发芽试验、生活力测定、健康测定和重量测定等；其他植物种子计数送验样品 1 000 克；水分测定送验样品 100 克；净度分析 350 克；真实性与品种纯度送验样品 2 000 克。

第三节　扦样方法

一、袋装种子扦样法

1. 确定扦样袋数　按照种子批的总袋数计算应扦样品的袋数。新国标的规定比较详细、清楚、直观（表 4-2）。对小容器包装，以 100 千克为扦样基本单位，不够 100 千克的容器，可以合并，并将 100 千克作为一个"容器"（不得超过 100 千克），取样方法同上。

表 4-2　袋装种子的扦样袋（容器）数

种子批的袋（容器）数	扦样的最低袋（容器）数
1~5	每袋都扦取，至少扦取 5 个初次样品
6~14	不少于 5 袋
15~30	每 3 袋至少扦取 1 袋
31~49	不少于 10 袋
50~400	每 5 袋至少扦取 1 袋
401~560	不少于 80 袋
561 以上	每 7 袋至少扦取 1 袋

2. 袋装种子扦样举例

例：600 个每袋 5 千克的种子批，有多少个基本扦样单位？应至少扦取多少袋？

答：1 个基本单位：100 千克÷5 千克＝20（袋）

共有基本单位：600÷20＝30（个）

查表 4－2 得知，每 3 袋至少扦取 1 袋。

因此，30÷3＝10（袋），即：应至少扦取 10 袋。

3. 确定扦样点位置　袋装扦样可用扦样器，也可徒手取样。对于袋装取样点的确定：不是堆垛存放时，根据取样袋数，间隔一定袋数取样；堆垛存放时，可按图 4－5 扦取样袋。应上、中、下、前、后、左、右、内、外都要考虑到。

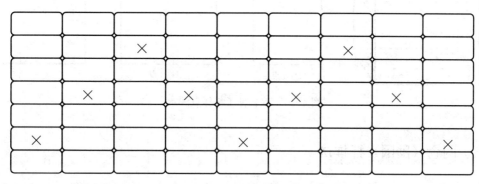

图 4－5　样袋的分布

4. 扦样器的使用　用单管扦样器，根据扦样要求扦取初次样品。扦样时用扦样器的尖端先拨开包装物的线孔，再把凹槽向下，自袋角处尖端与水平成 30°向上倾斜地插入袋内，直至到达袋的中心，再把凹槽旋转向上，慢慢拔出，将样品放入容器中。然后，用扦样器尖端对着扦样所造成的孔洞相对方向拨几下，用麻线合并在一起或用胶带粘贴洞孔。

二、散装种子扦样法

1. 确定扦样点数　根据种子批的数量确定扦样点，其规定见表 4－3。

表 4－3　散装种子的扦样点数

种子批大小（千克）	扦样点数
50 以下	不少于 3 点
51～1 500	不少于 5 点
1 501～3 000	每 300 千克至少扦取 1 点
3 001～5 000	不少于 10 点
5 001～20 000	每 500 千克至少扦取 1 点
20 001～28 000	不少于 40 点

2. 散装种子扦样点的确定原则

（1）分区设点。在已划分的种子批内，按种子堆顶面积的大小划分若干个检验区；每区面积不超过25平方米。每区的中心和四角（距边缘50厘米）各设一点，共5个扦样点。同一种子批内相邻区的角点，可以共用，即每25平方米为一区，每区5点，3点递增，如图4-6所示。

（2）按堆高分层。种子堆高不足2米时，分上、下两层；堆高2～3米时，分上、中、下3层，上层在顶部以下10～20厘米处，中层在种子堆的中心，下层在距底部5～10厘米处。3米以上分4层。分层定点后，用散装扦样器由上到下逐层扦取初次样品。

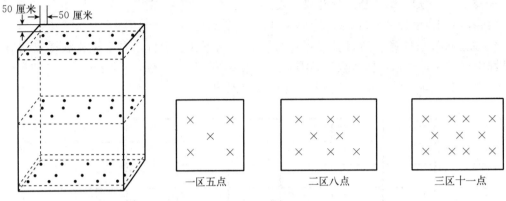

图 4 - 6 散装种子扦样点图示

一区五点   二区八点   三区十一点

三、圆仓（围囤）扦样法

分层和扦样方法与散装相同，每层在内、中、外 3 处定点，内点在圆仓的中心，中点在半径的 1/2 处，外点距仓边 30 厘米处，共设 5 点（图 4 - 7）。

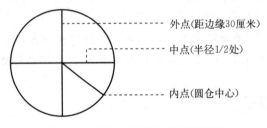

外点(距边缘30厘米)

中点(半径1/2处)

内点(圆仓中心)

图 4 - 7 圆仓（围囤）扦样点图示

四、加工流水线或种子进出仓时扦样

在种子加工过程中或机械化仓库扦样时，可在加工流水线或种子进出仓库时，根据种子数量和输送速度定时、定量扦取样品（图 4 - 8）。

图 4 - 8 种子加工流水线

第四节　扦样程序

一、扦取初次样品

按上述确定的点数，用扦样器或徒手扦取每一份初次样品（图4-9～图4-11）。

图4-9　种子堆垛　　　　　图4-10　扦样器扦样　　　　　图4-11　徒手扦样

二、配制混合样品

如果所有初次样品基本均匀一致，将所得到的初次样品合并、混合在一起合成混合样品。

三、制备送验样品

1. 送验样品的重量　一般送验样品1 000克（包括重型混杂物测定、净度分析、发芽试验、生活力测定、健康测定和重量测定）；水分测定100克；其他植物种子数目测定1 000克；种子真实性与品种纯度测定2 000克。

若混合样品与送验样品重量一致时，混合样品即可作为送验样品。如混合样品少于送验样品，应增加扦样点，补足数量。如混合样品多于送验样品，用机械分样器或四分法从混合样品依次递减至做某检验项目所规定的重量。

2. 送验样品的处理　供水分测定的样品立即装入防潮容器中密闭保存，其他检验项目的样品装入纸袋或布袋进行封缄，扦样员在封条上签字、盖章，封条粘贴在样袋接缝处。

四、实验室分样程序

送验样品送达实验室后，由办公室专人负责送验样品的验收、登记、入库，并及时安排检验。检测人员接到送验样品后，首先将送验样品充分混合，然后进行分样。分样时可用分样器或四分法经若干次对分递减，从送验样品中分取供各项目测定用的试验样品，其重量必须与规定重量一致。重复样品须独立分取，在分取第一份样品后，第二份试样或半试样须在送验样品一分为二的另一部分中分取。

1. 机械分样器法　分样器分为钟鼎式分样器和横格式分样器两种。分样器适用于光子和包衣子的样品分取。使用分样器时，先将分样器清理干净，检查活门开关是否灵活；关闭活门开头，将两个盛料器对准下料口，将样品倒入漏斗平铺，用手很快拨开活门，使样品迅速下落；再将两个盛料器的样品同时倒入漏斗。继续混合 2~3 次，然后，取出其中一个盛料器按上述方法继续分取，直至达到规定数量为止。

2. 四分法 四分法又称十字形分样法（图 4-12）。将样品倒在实验台或玻璃板上，用分样板将样品先纵向混合，再横向混合，重复混合 4～5 次，然后将种子摊成四方形，用分样板划两条对角线，使样品分成 4 个三角形，取 2 个对顶三角形的样品，继续按上述方法分取，直到 2 个三角形内的样品接近试验样品的重量为止。

图 4-12　四分法分样

五、样品保存

1. 待检样品 送验样品验收后，要及时进行检验。如不能及时检验，须将样品保存在凉爽和通风良好的室内，使种子质量的变化降到最低限度。

2. 已检样品 检验后的样品，应及时交样品管理员保管。为便于复检，样品应在低温干燥的条件下保存一个生长周期，使质量的变化降到最低限度。当要求复检时，从保留样品中分取一部分进行检验，剩余部分继续保存。

六、种子批的异质性测定

异质性测定的目的是检查种子批是否存在显著的异质性。种子批的异质性是指种子批内各种成分的分布极不均匀一致，未达到随机分布的程度，也就是种子未充分混合好。存在异质性的种子批，所扦取的样品没有代表性，应拒绝扦样。

异质性测定可以通过净度分析、发芽试验以及种子粒数进行。因此，异质性可用下列项目表示：

1. 净度分析得出的任一成分的重量百分率，如净种子、其他植物种子等。

2. 发芽试验得出的任一记载项目的百分率，如正常幼苗、不正常幼苗等。

3. 所有的种子总数或其他种子数测定中得出的某一植物种的种子数。对于棉花种子，掺杂的其他植物种子很少见，一般不用本法。

异质性测定比较烦琐，一般不测定，只在扦样时对种子批的均匀度产生怀疑时才进行测定。

第五章 棉花种子净度分析

第一节 概　述

一、定义

种子净度即种子清洁干净的程度，是指种子批或样品中净种子、杂质和其他植物种子组成的比例及特性。净度分析是准确地测定供检种子样品中不同成分的重量百分率和样品混合物的特性，并据此推测种子批的组成，从而达到用净度来衡量种子质量的清洁干净程度。

二、目的

净度分析的目的是通过对样品中净种子、其他植物种子和杂质 3 种成分的分析，了解种子批中可利用种子的真实重量，以及其他植物种子、杂质的种类和含量，为评价种子质量提供依据。

三、意义

种子净度是判断种子品质的一项重要指标，是衡量一个批种子种用价值和分级的依据。开展种子净度分析对于种子质量评价和利用有着重要的意义。种子批内所含杂草、杂质的种类与多少对生产有很大的影响：一是影响作物的生长发育和产量，如杂草在田间与农作物争肥争光，许多杂草还是病虫害的寄主，致使病虫害滋生蔓延，从而影响作物生长发育，降低作物产量和质量；二是降低种子利用率（杂质多，净种子就少）；三是影响种子储藏与运输的安全，如泥沙、含水分较高的杂质影响透气，引起种子发热、霉变等。

四、有关术语

1. 净种子　有或无种皮、有或无绒毛的种子。超过原来大小一半，有或无种皮破损的种子。

2. 其他植物种子　除净种子以外的任何植物种子单位，包括杂草种子和其他植物种子。

3. 杂质　除净种子和其他植物种子以外的所有物质及构造。

五、仪器设备

1. 净度分析台（图5-1）。
2. 钟鼎式或横格式分样器。
3. 手持放大镜、分样板。
4. 天平　感量为0.1克、0.01克、0.001克和0.0001克（图5-2）。

图5-1　净度分析台　　　　　　　　　　图5-2　天　平

第二节　净度分析程序

一、重型混杂物的检查

将送验样品称重记载后倒入瓷盘内，检查重型混杂物。在送验样品中若有大小或重量上明显大于所测种子的物质，如土块、小石头或其他大粒植物种子等，应挑选出这些重型混杂物，再将重型混杂物分离为其他植物种子和杂质，分别装入容器并称重记载，以克表示。

二、试验样品的分取

1. 从除去重型混杂物的送验样品中分取。
2. 用四分法分样或用分样器分样。
3. 试样的重量　试验样品可以是1份全试样即350克，也可以是2份半试样，即各175克，称重精确至一位小数。推荐用2份半试样做净度分析，因此，本书只介绍2份半试样的操作程序。

三、样品分离与称重

试验样品称重后，将试样分离成净种子、其他植物种子和杂质3部分。并将3种成分分别称重，以克表示，精确至表 5-1 所规定的小数位数。

表 5-1　称重与小数位数

试样或半试样及其成分重量（克）	称重至下列小数位数
1.000 0 以下	4
1.000～9.999	3
10.00～99.99	2
100.0～999.9	1

1. 净种子　对棉花种子而言，不管有无种皮、有无绒毛，只要超过原来种子大小一半的种子，都是净种子；对种皮没有明显损伤的种子，不管是空瘪或充实，都是净种子；即使是未成熟的、瘦小的、皱缩的、带病的或发过芽的种子单位，都是净种子（图 5-3）。

图 5-3　净种子

2. 其他植物种子　除棉花种子以外的其他种子。鉴定原则同净种子。

3. 杂质　小于原来种子 1/2 的破损种子；棉株茎秆、铃壳等的碎片；泥土、沙粒及所有其他非种子物质。

四、结果计算

1. 检查分析过程的重量增失　将净度分析后的各种成分重量之和与原始重量比较，核对分析期间有无重量增失。若增失差距超过原始重量的 5%，则必须重做，并填报重做的结果。

2. 计算各成分的百分率　分析 2 份半试样时，应对每一份半试样所有成分分别进行计算，百分率至少保留两位小数，并计算各成分的平均百分率。百分率必须根据净度分析后各种成分重量的总和来计算，而不是根据试验样品的原始重量计算。其他植物种子和杂质均不再分类计算百分率。

（1）在没有重型混杂物的情况下，净度的计算方法为：

净种子：

$$净度（\%）=\frac{净种子}{净种子+其他植物种子+杂质}\times100$$

其他植物种子：

$$其他植物种子（\%）=\frac{其他种子}{净种子+其他植物种子+杂质}\times100$$

杂质：

$$杂质（\%）=\frac{杂质}{净种子+其他植物种子+杂质}\times100$$

（2）有重型混杂物的情况下，净度的计算方法为：

净种子：

$$P_2（\%）=P_1\times\frac{M-m}{M}$$

其他植物种子：

$$OS_2（\%）=OS_1\times\frac{M-m}{M}+\frac{m_1}{M}\times100$$

杂质：

$$I_2（\%）=I_1\times\frac{M-m}{M}+\frac{m_2}{M}\times100$$

式中：P_2——净种子含量，单位为百分率（%）；

P_1——除去重型混杂物后的净种子含量，单位为百分率（%）；

M——送验样品的重量，单位为克；

m——重型混杂物的重量，单位为克；

OS_2——其他植物种子含量，单位为百分率（%）；

OS_1——除去重型混杂物后的其他植物种子含量，单位为百分率（%）；

m_1——重型混杂物中其他植物种子的重量，单位为克；

m_2——重型混杂物中杂质的重量，单位为克；

I_1——除去重型混杂物后的杂质含量，单位为百分率（%）；

I_2——杂质含量，单位为百分率（%）。

最后须验证：$P_2+OS_2+I_2=100.0\%$。

3. 检查重复间的误差 分析后任一成分的相差不得超过表5-2～表5-5所规定的重复分析间的容许误差。若所有成分的实际误差都在容许范围内，则计算每一成分的平均值。如实际误差超过容许范围，则再重新分析成对样品，直到1对值在容许范围为止，但全部分析不必超过4对。凡1对间的相差超过容许误差2倍时，均略去不计。各种成分百分率的记录，应从全部保留的几对加权平均计算。

表5-2 同一实验室内同一送验样品净度分析的容许误差（5%显著水平的两尾测定）

两次分析结果平均		不同测定之间的容许误差	
50%以上	50%以下	半试样	全试样
99.95～100.00	0.00～0.04	0.23	0.2
99.90～99.94	0.05～0.09	0.34	0.2
99.85～99.89	0.10～0.14	0.42	0.3
99.80～99.84	0.15～0.19	0.49	0.4
99.75～99.79	0.20～0.24	0.55	0.4
99.70～99.74	0.25～0.29	0.59	0.4
99.65～99.69	0.30～0.34	0.65	0.5
99.60～99.64	0.35～0.39	0.69	0.5
99.55～99.59	0.40～0.44	0.74	0.5

（续）

两次分析结果平均		不同测定之间的容许误差	
50%以上	50%以下	半试样	全试样
99.50～99.54	0.45～0.49	0.76	0.5
99.40～99.49	0.50～0.59	0.80	0.6
99.30～99.39	0.60～0.69	0.89	0.6
99.20～99.29	0.70～0.79	0.95	0.7
99.10～99.19	0.80～0.89	1.00	0.7
99.00～99.09	0.90～0.99	1.06	0.8
98.75～98.99	1.00～1.24	1.15	0.8
98.50～98.74	1.25～1.49	1.26	0.9
98.25～98.49	1.50～1.74	1.37	1.0
98.00～98.24	1.75～1.99	1.47	1.0
97.75～97.99	2.00～2.24	1.54	1.1
97.50～97.74	2.25～2.49	1.63	1.2
97.25～97.49	2.50～2.74	1.70	1.2
97.00～97.24	2.75～2.99	1.78	1.3
96.50～96.99	3.00～3.49	1.88	1.3
96.00～95.49	3.50～3.99	1.99	1.4
95.50～95.99	4.00～4.49	2.12	1.5
95.00～95.49	4.50～4.99	2.22	1.6
94.00～94.99	5.00～5.99	2.38	1.7
93.00～93.99	6.00～6.99	2.56	1.8
92.00～92.99	7.00～7.99	2.73	1.9
91.00～91.99	8.00～8.99	2.90	2.1
90.00～90.99	9.00～9.99	3.04	2.2
88.00～89.99	10.00～11.99	3.25	2.3
86.00～87.99	12.00～13.99	3.49	2.5
84.00～85.99	14.00～15.99	3.71	2.6
82.00～83.99	16.00～17.99	3.90	2.8
80.00～81.99	18.00～19.99	4.07	2.9
78.00～79.99	20.00～21.99	4.23	3.0
76.00～77.99	22.00～23.99	4.37	3.1
74.00～75.99	24.00～25.99	4.50	3.2
72.00～73.99	26.00～27.99	4.61	3.3
70.00～71.99	28.00～29.99	4.71	3.3
65.00～69.99	30.00～34.99	4.86	3.4
60.00～64.99	35.00～39.99	5.02	3.6
50.00～59.99	40.00～49.99	5.16	3.7

表5-3 同一或不同实验室内来自不同送验样品间净度分析的容许误差（1%显著水平的一尾测定）

两次结果平均		容许误差
50%以上	50%以下	
99.95~100.00	0.00~0.04	0.2
99.90~99.94	0.05~0.09	0.3
99.85~99.89	0.10~0.14	0.4
99.80~99.84	0.15~0.19	0.5
99.75~99.79	0.20~0.24	0.5
99.70~99.74	0.25~0.29	0.6
99.65~99.69	0.30~0.34	0.6
99.60~99.64	0.35~0.39	0.7
99.55~99.59	0.40~0.44	0.7
99.50~99.54	0.45~0.49	0.7
99.40~99.49	0.50~0.59	0.8
99.30~99.39	0.60~0.69	0.9
99.20~99.29	0.70~0.79	0.9
99.10~99.19	0.80~0.89	1.0
99.00~99.09	0.90~0.99	1.0
98.75~98.99	1.00~1.24	1.1
98.50~98.74	1.25~1.49	1.2
98.25~98.49	1.50~1.74	1.3
98.00~98.24	1.75~1.99	1.4
97.75~97.99	2.00~2.24	1.5
97.50~97.74	2.25~2.49	1.6
97.25~97.49	2.50~2.74	1.6
97.00~97.24	2.75~2.99	1.7
96.50~96.99	3.00~3.49	1.8
96.00~95.49	3.50~3.99	1.9
95.50~95.99	4.00~4.49	2.0
95.00~95.49	4.50~4.99	2.2
94.00~94.99	5.00~5.99	2.3
93.00~93.99	6.00~6.99	2.5
92.00~92.99	7.00~7.99	2.6
91.00~91.99	8.00~8.99	2.8
90.00~90.99	9.00~9.99	2.9
88.00~89.99	10.00~11.99	3.1
86.00~87.99	12.00~13.99	3.4
84.00~85.99	14.00~15.99	3.6
82.00~83.99	16.00~17.99	3.7
80.00~81.99	18.00~19.99	3.9

（续）

两次结果平均		容许误差
50%以上	50%以下	
78.00~79.99	20.00~21.99	4.1
76.00~77.99	22.00~23.99	4.2
74.00~75.99	24.00~25.99	4.3
72.00~73.99	26.00~27.99	4.4
70.00~71.99	28.00~29.99	4.5
65.00~69.99	30.00~34.99	4.7
60.00~64.99	35.00~39.99	4.8
50.00~59.99	40.00~49.99	5.0

表 5-4　同一或不同实验室内进行第二次检验时，两个不同送验样品间净度分析的容许误差

（1%显著水平的一尾测定）

两次结果平均		容许误差
50%以上	50%以下	
99.95~100.00	0.00~0.04	0.21
99.90~99.94	0.05~0.09	0.32
99.85~99.89	0.10~0.14	0.40
99.80~99.84	0.15~0.19	0.47
99.75~99.79	0.20~0.24	0.53
99.70~99.74	0.25~0.29	0.57
99.65~99.69	0.30~0.34	0.62
99.60~99.64	0.35~0.39	0.66
99.55~99.59	0.40~0.44	0.70
99.50~99.54	0.45~0.49	0.73
99.40~99.49	0.50~0.59	0.79
99.30~99.39	0.60~0.69	0.85
99.20~99.29	0.70~0.79	0.91
99.10~99.19	0.80~0.89	0.96
99.00~99.09	0.90~0.99	1.01
98.75~98.99	1.00~1.24	1.10
98.50~98.74	1.25~1.49	1.21
98.25~98.49	1.50~1.74	1.31
98.00~98.24	1.75~1.99	1.40
97.75~97.99	2.00~2.24	1.47
97.50~97.74	2.25~2.49	1.55
97.25~97.49	2.50~2.74	1.63
97.00~97.24	2.75~2.99	1.70

（续）

两次结果平均		容许误差
50%以上	50%以下	
96.50~96.99	3.00~3.49	1.80
96.00~95.49	3.50~3.99	1.92
95.50~95.99	4.00~4.49	2.04
95.00~95.49	4.50~4.99	2.15
94.00~94.99	5.00~5.99	2.29
93.00~93.99	6.00~6.99	2.46
92.00~92.99	7.00~7.99	2.62
91.00~91.99	8.00~8.99	2.76
90.00~90.99	9.00~9.99	2.92
88.00~89.99	10.00~11.99	3.11
86.00~87.99	12.00~13.99	3.35
84.00~85.99	14.00~15.99	3.55
82.00~83.99	16.00~17.99	3.74
80.00~81.99	18.00~19.99	3.90
78.00~79.99	20.00~21.99	4.05
76.00~77.99	22.00~23.99	4.19
74.00~75.99	24.00~25.99	4.31
72.00~73.99	26.00~27.99	4.42
70.00~71.99	28.00~29.99	4.51
65.00~69.99	30.00~34.99	4.66
60.00~64.99	35.00~39.99	4.82
50.00~59.99	40.00~49.99	4.95

表 5-5　净度分析与标准规定值比较的容许误差（5%显著水平的一尾测定）

标准规定值		容许误差
50%以上	50%以下	
99.95~100.00	0.00~0.04	0.11
99.90~99.94	0.05~0.09	0.16
99.85~99.89	0.10~0.14	0.21
99.80~99.84	0.15~0.19	0.24
99.75~99.79	0.20~0.24	0.27
99.70~99.74	0.25~0.29	0.30
99.65~99.69	0.30~0.34	0.32
99.60~99.64	0.35~0.39	0.34
99.55~99.59	0.40~0.44	0.35
99.50~99.54	0.45~0.49	0.38

（续）

标准规定值		容许误差
50%以上	50%以下	
99.40～99.49	0.50～0.59	0.41
99.30～99.39	0.60～0.69	0.44
99.20～99.29	0.70～0.79	0.47
99.10～99.19	0.80～0.89	0.50
99.00～99.09	0.90～0.99	0.52
98.75～98.99	1.00～1.24	0.57
98.50～98.74	1.25～1.49	0.62
98.25～98.49	1.50～1.74	0.67
98.00～98.24	1.75～1.99	0.72
97.75～97.99	2.00～2.24	0.75
97.50～97.74	2.25～2.49	0.79
97.25～97.49	2.50～2.74	0.83
97.00～97.24	2.75～2.99	0.86
96.50～96.99	3.00～3.49	0.91
96.00～95.49	3.50～3.99	0.97
95.50～95.99	4.00～4.49	1.02
95.00～95.49	4.50～4.99	1.07
94.00～94.99	5.00～5.99	1.15
93.00～93.99	6.00～6.99	1.23
92.00～92.99	7.00～7.99	1.31
91.00～91.99	8.00～8.99	1.39
90.00～90.99	9.00～9.99	1.46
88.00～89.99	10.00～11.99	1.56
86.00～87.99	12.00～13.99	1.67
84.00～85.99	14.00～15.99	1.78
82.00～83.99	16.00～17.99	1.87
80.00～81.99	18.00～19.99	1.95
78.00～79.99	20.00～21.99	2.03
76.00～77.99	22.00～23.99	2.10
74.00～75.99	24.00～25.99	2.16
72.00～73.99	26.00～27.99	2.21
70.00～71.99	28.00～29.99	2.26
65.00～69.99	30.00～34.99	2.33
60.00～64.99	35.00～39.99	2.41
50.00～59.99	40.00～49.99	2.48

4. 数字修约 各种成分的最后填报结果应保留一位小数。各种成分之和应为 100.0%，即净种子（%）＋其他植物种子（%）＋杂质（%）＝100.0%，小于 0.05% 的微量成分在计算中应除外（即不列入计算）。如果其和是 99.9% 或 100.1%，那么从最大值（通常是净种子部分）增减 0.1%。如果修约值大于 0.1%，应检查计算有无差错。

五、结果表示与报告

净度分析结果以 3 种成分的重量百分率来表示。净度分析的结果应保留一位小数，各种成分百分率之和必须为 100%。成分小于 0.05% 的填报为"微量"，如果一种成分的结果为零，须填"—0.0—"。当测定某一类杂质或某一种其他植物种子的重量百分率达到或超过 1%，该种类应在结果报告单上注明。

六、记载表格式

根据多年的工作经验，设计了净度分析原始记载表（表 5-6），供参考。

表 5-6 净度分析原始记载表

样品编号		作物名称	棉 花	品种（组合）名称	
送验样品质量 M（克）		重型混杂物质量 m（克）		重型混杂物中其他植物种子质量 m_1（克）	
				重型混杂物中杂质质量 m_2（克）	

类别	重复	试样质量（克）	净种子		其他种子		杂质		各成分质量之和（克）
			质量（克）	百分率 P_1（%）	质量（克）	百分率 OS_1（%）	质量（克）	百分率 I_1（%）	
半试样	1								
	2								
	平均								
	实际差（%）								
	容许误差（%）								
其他植物种子名称及个数									
杂质种类									
净度分析结果	净种子 P_2（%）		其他作物种子 OS_2（%）				杂质 I_2（%）		

（续）

计算公式	$P_2(\%)=P_1\times\dfrac{M-m}{M}$	$OS_2(\%)=OS_1\times\dfrac{M-m}{M}+\dfrac{m_1}{M}\times100$	$I_2(\%)=I_1\times\dfrac{M-m}{M}+\dfrac{m_2}{M}\times100$
检测依据	《农作物种子检验规程净度分析》（GB/T 3543.3—1995）		
使用的主要仪器设备	电子天平：□ML 3002/02　□GB 1413　□GB 303　□XP 504		

检验员：　　　　日期：　　　　校核人：　　　　日期：　　　　审核人：　　　　日期：

第三节　净度分析实例

一、分析实例

对某批棉花种子送验样品 532.6 克进行净度分析，测得重型其他植物种子 78.58 克，重型杂质 1.754 克。从除去重型混杂物的样品中分去 2 份半试样，第一份半试样为 175.0 克，测得净种子 153.9 克，其他植物种子 20.09 克，杂质 0.858 8 克；第二份半试样为 175.2 克，测得净种子 155.3 克，其他植物种子 19.18 克，杂质 0.607 3 克；求棉花种子的净度及其他各组分的百分率。

1. 先求净种子、其他植物种子、杂质的百分率（P_1、OS_1、I_1），将结果列入表 5-7 中。

表 5-7　净度分析实例

样品重量（克）	532.6	重型混杂物（克）	80.33	其他植物种子（克）					78.58
				杂质（克）					1.754

检验方法	重复	试样质量（克）	净种子		其他植物种子		杂质		各成分重量和（克）
			重量（克）	百分率（%）	重量（克）	百分率（%）	重量（克）	百分率（%）	
	1	175.0	153.9	88.02	20.09	11.49	0.858 8	0.49	174.85
	2	175.2	155.3	88.70	19.18	10.95	0.607 3	0.35	175.09
	平均	—	—	88.36	—	11.22	—	0.42	
	实际误差（%）	—	—	0.63	—	0.54	—	0.14	
	容许误差（%）	—	—	3.25	—	3.25	—	0.74	
其他植物种子名称及个数	采用简化检验法，检测重量平均 276.7 克，其中，含玉米 138 粒、绿豆 310 粒、荞麦 241 粒								
杂质种类	石子、碎种子及棉籽壳								
净度分析结果	净种子（%）	75.0	其他植物种子（%）		24.3	杂质（%）		0.7	

2. 检查分析过程的重量增失

（1）第一份半试样：试样重－各成分重量和＝175.0－174.85＝0.15；增失百分率＝

0.15/175.0×100＝0.09％＜5％；净种子百分率＝153.9/174.85×100＝88.02％；其他植物种子百分率＝20.09/174.85×100＝11.49％；杂质百分率＝0.858 8/174.85×100＝0.49。

（2）第二份半试样：试样重－各成分重量和＝175.2－175.09＝0.11；增失百分率＝0.11/175.2＝0.06％＜5％；净种子百分率＝88.70/175.09×100＝88.70％；其他植物种子百分率＝19.18/175.09×100＝10.95％；杂质百分率＝0.607 3/175.09×100＝0.35。

表 5-6 中的 2 份半试样原重与分析后三组分分析之和相比增失百分率均在 5％ 以内，第一份和第二份半试样各成分重量百分率差值也在容许误差范围内。因此得出：

$$P_1(\%)=(88.02+88.70)/2=88.36$$
$$OS_1(\%)=(11.49+10.95)/2=11.22$$
$$I_1(\%)=(0.49+0.35)/2=0.42$$

3. 根据已知条件 $M=532.6$ 克，$m_1=78.58$ 克，$m_2=1.754$ 克，求出 P_2、OS_2、I_2。

$$P_2(\%)=P_1\times\frac{M-m}{M}=88.36\times\frac{532.6-80.33}{532.6}\times100=75.0$$

$$OS_2(\%)=OS_1\times\frac{M-m}{M}+\frac{m_1}{M}\times100=11.22\times\frac{532.6-80.33}{532.6}+\frac{78.58}{532.6}\times100=24.3$$

$$I_2(\%)=I_1\times\frac{M-m}{M}+\frac{m_2}{M}\times100=0.42\times\frac{532.6-80.33}{532.6}+\frac{1.754}{532.6}\times100=0.7$$

以上 3 种组分相加之和正好等于 100.0％（$P_2+OS_2+I_2=75.0\%+24.3\%+0.7\%=100.0\%$），不需要修正，即该样品净度分析的最终结果为：净种子 75.0％，其他植物种子 24.3％，杂质 0.7％。

二、本章几个表格的用法说明

1. 检验同一实验室同一送验样品净度分析重复间的容许误差时，用表 5-2。
2. 检验从同一种子批扦取的第二个送验样品，经同一或另一个检验机构检验，所得净度分析结果比第一次差时，用表 5-3。
3. 检验从同一种子批扦取的同一或不同送验样品，经同一或另一检验机构检验，比较两次净度分析结果是否一致时，用表 5-4。
4. 当把抽检、统检、仲裁检验、定期检查等净度测定结果与种子质量标准、合同、标签等规定值比较，判断两者的容许误差时，用表 5-5。

第四节 其他植物种子数目测定

一、测定方法

根据送验者的不同要求，其他植物种子数目的测定可采用完全检验、有限检验和简化检验。

1. 完全检验　试验样品不少于 1 000 克。可借助于放大镜、筛子等器具，逐粒进行分析鉴定，将试样中所有其他各植物种子取出分类，数出每个种类的种子数。当发现个别种子不能准确确定品种时，可以鉴定到所属的属。

2. 有限检验　只从整个试验样品中找出送验者指定的其他植物种子。如送验者要求检验是否存在指定的某些种时，只要发现一粒或数粒该种子即可结束检验。

3. 简化检验　如果送验者指定的种难以鉴定时，可采用简化检验。简化检验的试验样品重量是完全检验时的 1/5，即 200 克。简化检验的检验方法与完全检验的方法相同。

二、试样称重

当送验样品较多时，称取供测定其他植物种子的试样 1 000 克；送验样品少于 1 000 克时，可用送验样品直接检验；当送验者指定的种较难鉴定时，可称取 200 克样品进行检验。

三、分析测定

分析时可借助于放大镜、筛子等器具，逐粒进行观察，将试样中所有其他各植物种子取出分类，数出每个种类的种子数。当发现个别种子不能准确确定品种时，可以鉴定到所属的属。如采用有限检验，只需找出 1 粒或数粒送验者指定的其他植物种子即可结束检验。

四、结果计算

结果用试样中发现的种子数表示。通常换算成每千克样品中所含的其他植物种子数表示。

$$其他植物种子含量（粒）= \frac{其他植物种子数}{试验样品重量（克）} \times 1000$$

五、结果表示

进行其他植物种子数目测定时，将测定种子的实际重量、学名和各个种的种子数填写在结果报告单上，并注明采用完全检验、有限检验或简化检验。

第六章　棉花种子健籽率测定

第一节　概　　述

一、目的

　　健籽率测定的目的是为了快速了解种子质量的大致情况，其测定结果为正常幼苗、硬籽及新鲜未发芽种子的总和。健籽率实际上不能达到十分准确，所以只能作为一种参考指标，不能作为判断标准。

二、定义

　　经净度检验后的净种子中除去嫩籽、小籽、瘦籽等成熟度差的棉籽以及发霉变质的棉籽，留下的健壮种子数占被检种子数的百分率。

三、健籽率与发芽率的关系

　　1. 新收获的种子　一般情况下，健籽率＞发芽率。因棉籽未彻底完成生理后熟或处于休眠状态时，不能发芽。棉籽的后熟期因果枝节位不同而有区别，但一般而言，棉籽的后熟期约为半年时间。
　　2. 充分后熟的种子　健籽率≈发芽率。有时成熟度不太好的非健籽也能发芽，则健籽率有可能小于发芽率（即发芽率＞健籽率）。
　　3. 隔年的陈种子　健籽率＞发芽率。由于储藏条件不佳，种子活力受影响，尤其是在炎热的夏季，高温高湿，种子活力下降，有些甚至丧失活力，不能发芽。如果能在低温干燥条件下储藏，则可保持活力。水分是保持活力的关键因素，一定要控制在12％以下。

第二节　测定程序

一、数取试验样品

　　从净度分析后的净种子中，取试验样品4份，每份100粒。

二、样品处理

　　将试样分别置于小容器（烧杯或纸杯）中，倒入开水并搅拌，使种子全部湿润，浸泡5分钟。

三、观察判定

待种皮软化后将种子倒入白瓷盘中观察。挑出种皮浅棕色或白色者，为非健籽；再用手指捏摸剩余种子，空瘪及种仁细瘦、小于正常胚 1/2 者（可剥开种皮观察）也为非健籽；余者再用剪刀剪开种仁，观察种仁颜色，种仁呈暗绿色（已失去活力）或黄褐色（已腐烂）也为非健籽，种仁色泽新鲜、饱满者为健籽。

四、计算方法

按下式计算：

$$健籽率（\%）= \frac{供检棉籽数 - 非健籽数}{供检棉籽数} \times 100$$

五、记载表格式

根据作者多年的工作经验，设计了净度分析原始记载表（表 6-1）。

表 6-1　棉花种子健籽率测定原始记载表

样 品 编 号		品种（组合）名称		
检 测 方 法		预 措 方 法		
重　复	Ⅰ	Ⅱ	Ⅲ	Ⅳ
检测粒数（粒）				
健 籽 数（粒）				
非健籽数（粒）				
健 籽 率（%）				
平 均 值（%）				
检 测 依 据	《农作物种子检验规程》（GB/T 3543.3—1995）			

检验员：　　　　　　　校核人：　　　　　　　审核人：

日期：　　　　　　　　日期：　　　　　　　　日期：

第七章 棉花种子发芽试验

第一节 概 述

一、目的意义

发芽试验的目的是测定种子批的最大发芽潜力，用以比较不同种子批的质量，从而估测种子批的田间播种价值。不同的种子批在同一条件下进行发芽试验，一般来说，发芽率高的种子批具有较高的种用价值。

发芽试验对种子生产经营和农业生产具有重要意义。种子收购入库时做发芽试验，可掌握种子的质量状况；种子储藏期间时做发芽试验，可掌握储藏期间种子发芽率的变化情况，以便及时改善储藏条件，确保储藏安全；种子经营时做发芽试验，可避免因销售发芽率低的种子而造成的经济损失；播种前做发芽试验，可以选用发芽率高的种子播种，利于保证苗齐和种植密度，同时可以估算实际播种量，做到精量播种，节约用种。

在田间条件下进行发芽试验，由于不能控制环境条件，试验结果无法重演，所以发芽试验发展为可控温度、水分的实验室方法。使种子样品达到最整齐、迅速、完全的发芽，试验结果才可能在接近随机样品变异所容许的范围内重演。

发芽率的高低决定着出苗的多少、好坏和播量的多少，因此，在种子销售和播种前常常需要测定发芽率。国家农作物质量标准中规定毛子的发芽率达到 70%，包衣子及光子的发芽率达到 80%才达到发芽率合格水平，不合格的种子不允许作为生产用种销售。可见，发芽率是种子质量的重要标志，但由于生产中的诸多原因，往往导致发芽率有较大的差异。目前，依据《农作物种子检验规程》（GB/T 3543.1～3543.7）的发芽试验，实际上是对种子能否长成正常幼苗的检验，更接近田间出苗情况，更能反映种子的播种品质。但室内发芽试验结果是最佳条件下种子发芽的潜力表现，而田间出苗是在广泛条件下的种子播种品质表现，因而，出苗率低于发芽率。

二、术语

1. 发芽 在实验室内幼苗出现和生长达到一定阶段，幼苗的主要构造表明在田间的适宜条件下能否进一步生长成为正常的植株。

2. 发芽率 在规定的条件和时间内长成的正常幼苗数占供检种子数的百分率。

3. 正常幼苗 在良好土壤及适宜水分、温度和光照条件下，具有继续生长发育成为正常植株的幼苗（包括有轻微缺陷的幼苗）。

4. 不正常幼苗 在良好土壤及适宜水分、温度和光照条件下，不能继续生长发育成为正常植株的幼苗。

5. 未发芽种子　在规定的条件下，试验末期仍不能发芽的种子，包括硬实（种子不吸水）、新鲜不发芽种子（休眠种子）、死种子（通常为软籽、变色籽、发霉籽或空籽、虫蛀籽等，没有幼苗生长的迹象）。

6. 新鲜不发芽种子　由生理休眠所引起，在试验期间保持清洁和一定硬度，有发芽和生长成为正常幼苗潜力的种子。

三、棉花幼苗的主要构造

棉花幼苗由根系、下胚轴、子叶和顶芽（生长点）构成（图7-1）。

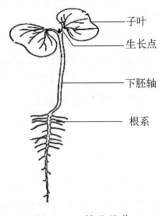

　　　　　　　　　　　　　　　　子叶

　　　　　　　　　　　　　　　　生长点

　　　　　　　　　　　　　　　　下胚轴

　　　　　　　　　　　　　　　　根系

图 7-1　棉花幼苗

棉花种子发芽时，随着胚根突出，种皮、下胚轴背地性迅速生长，将子叶和胚芽一起带出地面，此时子叶变绿展开并形成幼苗的第一个光合器官，接着上胚轴和顶芽发育生长。

第二节　棉籽的萌发及内在条件

一、棉籽的萌发出苗过程

成熟有生活力的棉籽，在具有足够的水分、适宜的温度和充足的氧气条件下，由休眠状态转入活动状态，种胚即开始萌发生长。棉籽的萌发出苗可分为以下几个阶段：

1. 吸胀阶段　棉籽通过吸水，使坚硬的种皮逐渐软化，水分经种皮继续向种胚组织渗入，棉籽内含有的蛋白质、糖类等亲水类物质大量吸水，使棉籽体积膨胀。这是物理吸水过程，并不是棉籽的生长，所以，这个过程称胀。

2. 萌动阶段　棉籽吸足水分后，在适宜的温度和充足的氧气条件下，酶的活动显著加强。在酶的作用下，子叶中储藏的脂肪、蛋白质及淀粉等物质发生水合作用，分解为可溶于水的物质，如糖类、氨基酸等，并将这些物质运输供幼胚吸收利用，形成新的细胞，使胚迅速生长。随着棉籽的萌动，胚根伸出种皮，称为露白。一般认为露白即完成了萌动阶段。

3. 发芽出苗阶段　棉籽萌动后，胚继续吸收利用营养物质，加速合成结构物质，促进细胞数日增多，使胚和胚根伸长，胚芽分化新的叶原基。当胚根伸长达种子长度的 1/2 时，称为发芽。

在适宜的条件下，伴随着胚根的伸长，下胚轴也伸长，形成幼茎。幼茎起初弯曲呈弯钩状，并由弯钩部分顶破覆盖沙层，将种皮留在沙中，将子叶及胚芽带出沙面。然后幼茎伸直，原来合拢的两片子叶，不久即展平，此过程称为出苗。

二、棉籽萌发出苗的内在条件

棉籽萌发出苗的内在条件，是指种用棉籽必须充分成熟，具有强健的生活力，还必须完成后熟作用。棉花种子是在不同时期陆续成熟的，所经历的内外界条件也不相同，所以棉籽间的生活力差异较大。棉株中部内围铃的棉籽，其发育期间温度适宜，光照充足、体内有机营养较好，有利于棉籽成熟，生活力强。

陆地棉的棉籽在棉铃刚吐絮时就具有发芽能力，但发芽率很低，仅 14%～18%。经晒干储藏 2～4 个月，棉籽内部完成后熟作用，使种皮组织内的木质素含量增加，种皮在水中膨胀能力降低，有利于胚的气体交换，所以能显著提高棉籽的发芽率。王延琴等研究认为，发芽率与子指存在极显著正相关，与蛋白质含量负相关。

三、棉籽的寿命与储藏

棉籽储藏时的含水量、温度和储藏时间，对棉籽发芽率有极大的影响。一般储藏期间要求棉籽含水量不超过 12%，如含水量过高，会加速种胚内物质的分解，促进呼吸作用，所释放的热量又促进各种酶的活动。因此，增加大量的 CO_2，在氧气不足的情况下，积累酮类和醛类物质，对棉籽产生毒害，使其丧失生活力。据研究，同一温度下，棉籽含水量越低，寿命越长；在含水量相同的条件下，储藏温度低的比储藏温度高的寿命长。储藏 2 年以上，棉籽发芽率明显降低，已不宜留作种用。国家标准《经济作物种子　第 1 部分：纤维类》（GB 4407.1—2008）中规定毛子的发芽率为≥70%，光子和包衣子的发芽率≥80%。

第三节　发芽试验的设备与条件

一、发芽床

1. 沙床　目前，我国主要采用沙床。用作发芽试验的沙粒应选用无任何化学药物污染的细沙，并在使用前做以下处理：

（1）洗涤。拣去较大的石子和杂物后用清水洗涤数遍，直至完全去除浮沫，水变清澈，目的是去除污物和有毒物质。

（2）消毒。将洗净的沙子平铺于铁盘内，在130～170℃高温下烘干约 2 小时，以杀死病菌和沙内的其他种子。

（3）过筛。取孔径为0.80毫米和0.05毫米的两个圆孔筛，将烘干的沙子过筛，取用两层筛之间的沙子。即粒度要求大小均匀，直径在 0.05～0.80 毫米的沙粒。这样的沙粒既具有足够的持水力，又能保持一定的空隙，以利通气。

2. 纸床　一般来说，发芽纸应满足以下要求：

（1）持水力强。吸水良好的纸（可将纸条下端浸入水中，2分钟内水上升30毫米或以上的纸为好纸），不但吸水要快，而且持水力也要强，使发芽试验期间具有足够的保水能力，以保证在种子发芽时不断供应水分。

（2）无毒无菌。纸张必须无酸碱、染料、油墨及其他对发芽有害的化学物质，清洁无病菌污染。纸张 pH 应在 6.0～7.5。使用前应进行无毒性测定。

（3）韧性好。纸张应具有多孔性和透气性，并具有一定的强度；使操作时不易撕破和发芽时种子幼根不至于穿入纸内，便于幼苗鉴定。可以用滤纸、吸水纸等作为纸床。

二、仪器设备

1. 发芽箱和发芽室（图 7-2）。要求有光照，控温范围 10～40 ℃。
2. 发芽盒（图 7-3）。有一定高度（可以站苗）的透明塑料盒，一般采用盒底长×宽×高为 14 厘米×19 厘米×5 厘米，盒盖高 8 厘米的规格。

图 7-2　发芽箱和发芽室　　　　　　　　　　　　图 7-3　发芽盒

三、发芽条件

棉花种子良好发芽需要有水分、温度、氧气和光照等条件。

1. 水分

（1）沙床的水分。为沙子饱和含水量的 80% 左右，依种子上有无短绒和短绒多少而定。毛子按每 100 克干沙加 20 毫升水（可视种子短绒多少做适当调节），光子和包衣子按每 100 克干沙加 18 毫升水。

（2）纸床的水分。吸足水分后，沥去多余水分即可。

2. 温度　种子发芽通常有最低、最适和最高 3 种温度。在最低发芽温度条件下，种子虽能开始发芽，但十分缓慢，所需时间较长；在最高发芽温度条件下，由于酶活性等受到抑制，种子虽还能发芽，但产生畸形苗；只有在最适温度下，种子才能正常良好的发芽。

国家标准中规定了 3 种发芽温度，即 25 ℃与 30 ℃恒温，或 20～30 ℃变温（当使用变温时，通常保持低温 16 小时和高温 8 小时）。变温时模拟种子发芽的自然环境，一般来说，变温有利于种子渗入氧气，促进酶活化，加速发芽。农业农村部棉花品质监督检验测试中心研究了 3 种温度对 3 种不同类型（毛子、光子、包衣子）棉花种子发芽率的影响，指出温度对毛子、光子及包衣子的影响是相同的。都是第 4 天时 20～30 ℃变温的发芽率最低，第 7 天时 3 种温度的发芽率已经接近，最终（12 天）结果没有差异（图 7-4～图 7-6）。从图 7-4～图 7-6 中可以看出，在 30 ℃温度条件下，不论毛子、光子还是包衣子出苗都比较快；3 种温度对 3 种类型的棉花幼苗的影响均为 30 ℃条件下幼苗重量最大，其次是 25 ℃，20～30 ℃变温条件下幼苗鲜重最轻（图 7-7），说明高温有利于棉花幼苗地上部分的生长；3 种温度对 3 种类型的棉花根却是 20～30 ℃变温条件下根的重量最大，其次是 30 ℃，25 ℃条件下棉花幼苗的根重最轻（图 7-8），说明变温有利于棉苗根的生长；综合考虑 3 种温度对棉花种子发芽及幼苗的影响，为方便鉴定，通常在 30 ℃下做棉花发芽试验。

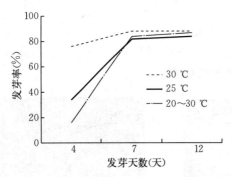

图 7-4　不同温度对毛子发芽率的影响

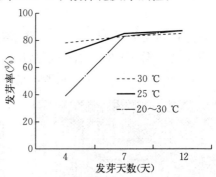

图 7-5　不同温度对光子发芽率的影响

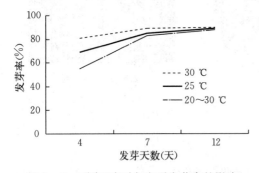

图 7-6　不同温度对包衣子发芽率的影响

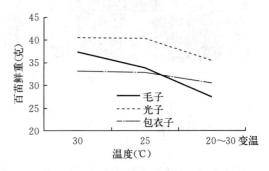

图 7-7　温度对棉花幼苗鲜重的影响

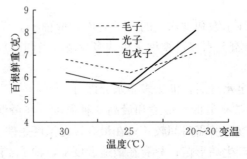

图 7-8　温度对棉花根重的影响

3. 氧气　氧气是种子发芽不可缺少的条件。种子吸水后，各种酶开始活化，需要呼吸氧气进行有氧呼吸，促进生化代谢、物质转化，保证幼苗生长的能量供应。只有得到正常氧气的供应，种子才能正常发芽生长。种子发芽时，胚根伸长比胚芽伸长对氧气的需求敏感。棉花种子发芽所需的氧气靠沙粒大小与水分来调节。如果发芽床上水分多、氧气少，地上部分生长就旺盛；反之，水分少、氧气多则宜于根的生长。

4. 光照　棉花种子在光照和黑暗条件下均可发芽，但最好采用光照，也可在种子出土后每天光照 8 小时。光照条件下培养发芽，有利于抑制发芽过程中霉菌生长繁殖，并有利于正常幼苗的鉴定。棉花需光照的强度为 750～1 250 勒克斯。

四、水分和透气的协调

发芽床上水分和透气是一对矛盾体，水分多时就会在种子周围形成水膜，阻隔氧气进入种胚而影响发芽。因此，应特别注意发芽床的水分适宜，不至于形成水膜。种子发芽时，胚根伸长比胚芽伸长对氧气的需求更为敏感。如果发芽床上水分多、氧气少，利于胚芽生长；反之，水分少、氧气多时，利于胚根生长，这些情况均不利于幼苗的均衡生长。

第四节　发芽试验的操作程序

一、数取试验样品

从经充分混合的净种子中，随机数取 400 粒，每个重复 100 粒，共 4 次重复。注意：净种子是除去其他植物种子和杂质后的净种子，净种子可以从净度分析后的净种子中随机数取，也可以从送验样品中直接随机数取。

二、置床

将 4 个重复的供试种子，分别均匀地摆布于铺平在发芽盒中的沙床上（厚度约 1.5 厘米）；用平底器皿压平种子，使其一半陷入沙中；然后再均匀地盖上一层湿沙（厚度约 1 厘米），铺平抹匀；将发芽盒盖好盖放入（30±1）℃的光照培养箱中，待子叶露出沙面后即进行白天 8 小时的光照（图 7-9）。

三、查苗

初次查苗计数时间，毛子为置床后第 5 天，剥绒毛子、光子和包衣子为置床后第 4 天；末次计数时间为第 12 天。中间可进行若干次查苗。前几次查苗时，拔出正常幼苗和不正常幼苗，分别计数和记载，如当时不能判断是否正常幼苗，可留作下一次观察；每次查苗后将松动的沙面压紧，以利于下一批幼苗的生长。末次查苗同前几次，同时还应将沙床内剩下的种子筛出，用手按捏检查一遍，区分硬种子、新鲜不发芽种子和死种子，分别计数和记载。

如果样品在规定时间内（12 天）只有几粒种子开始发芽，则发芽时间可再延长规定时

图 7 - 9　发芽置床

间的一半（即 6 天）。反之，如果在规定的试验时间结束前，样品已达到最高发芽率，则该试验可提前结束（一般情况下，隔年陈种子会提前达到最高发芽率）。

四、重新试验

当试验出现下列情况时，应重新试验。

1. 怀疑种子有休眠（即有较多的新鲜不发芽种子，这时需要对种子进行打破休眠处理后再重新试验）。

2. 由于真菌或细菌的蔓延而使试验结果不一定可靠时（考虑次生感染的可能性，增加种子之间的距离，彩图 7 - 1）。

3. 当正确鉴定幼苗数有困难时（使用新的发芽盒，以沙床进行重新试验）。

4. 发现试验条件、幼苗鉴定或计数有差错时，应采用同样的方法进行重新试验。

5. 重复间误差超过表 7 - 1（GB 3543.4—1995 中表 3）规定的最大容许误差时，应采用同样的方法进行重新试验。如果第二次结果与第一次结果一致，即不超过表 7 - 2（GB 3543.4—1995 中表 4）规定的容许误差时，则将两次试验的平均数填报在结果单上。如果第二次结果与第一次结果不相符合，即超过表 7 - 2 规定的容许误差，则采用同样的方法进行第三次试验，填报符合要求的结果平均数。

表 7 - 1　同一发芽试验四次重复间的最大容许误差（2.5％显著水平的两尾测定）

平均发芽率		最大容许误差
50％以上	50％以下	
99	2	5
98	3	6
97	4	7

（续）

平均发芽率		最大容许误差
50%以上	50%以下	
96	5	8
95	6	9
93～94	7～8	10
91～92	9～10	11
89～90	11～12	12
87～88	13～14	13
84～86	15～17	14
81～83	18～20	15
78～80	21～23	16
73～77	24～28	17
67～72	29～34	18
56～66	35～45	19
51～55	46～50	20

表 7-2　同一或不同实验室来自相同或不同送验样品间发芽试验的容许误差（2.5%显著水平的两尾测定）

平均发芽率		最大容许误差
50%以上	50%以下	
98～99	2～3	2
95～97	4～6	3
91～94	7～10	4
85～90	11～16	5
77～84	17～24	6
60～76	25～41	7
51～59	42～50	8

五、打破休眠的方法

1. **晒种**　在太阳光下曝晒。
2. **加热干燥**　在电热恒温鼓风干燥箱中，40 ℃温度下加热干燥 24 小时。
3. **开水烫种**　发芽试验前将种子用开水烫种 2 分钟。
4. **机械损伤**　可用钳子在种子的合点端将种皮夹破一点。

六、结果计算与表示

试验结果以粒数的百分率表示。当 4 次重复的正常幼苗百分率都在最大容许误差内时，以其平均数表示发芽率。不正常幼苗、新鲜不发芽种子、硬实和死种子百分率按同样方式计算，平均数百分率修约到整数（0.5 算作 1）。正常幼苗、不正常幼苗、新鲜不发芽种子、硬实和死种子百分率的总和必须为 100%，若总和为 99.9% 或为 100.1%，则从修约数字中增减 0.1，增减的次序为死种子、硬实、新鲜不发芽种子、不正常幼苗、正常幼苗。

七、结果报告

填报发芽结果时，须填报正常幼苗、不正常幼苗、新鲜不发芽种子、硬实和死种子的百分率。假如其中任何一项结果为零，则将符号"—0—"填入该格中。由于发芽试验中发芽床、发芽温度是可供选择的，而发芽床和发芽温度对发芽结果有较大的影响，因此，发芽试验方法说明是发芽结果报告的有效组成部分。填报发芽试验结果时，同时还须填报采用的发芽床种类和温度、发芽试验持续时间以及为促进发芽所采用的材料方法。

当把抽检、统检、仲裁检验、定期检查等发芽试验结果与种子质量标准、合同、标签等规定值比较，判断该批种子是否合格时，采用表 7-3（GB 3543.4—1995 中表 6）的容许误差进行下浮处理。

表 7-3 发芽试验与规定值比较的容许误差（5% 显著水平的一尾测定）

规定发芽率		容许误差
50% 以上	50% 以下	
99	2	1
96~98	3~5	2
92~95	6~9	3
87~91	10~14	4
80~86	15~21	5
71~79	22~30	6
58~70	31~43	7
51~57	44~50	8

八、记载表格式

根据作者多年的工作经验，设计了发芽试验原始记载表（表 7-4）。

表7-4　发芽试验原始记载表

编号

样品编号		作物名称		棉花	品种（组合）名称		
检测依据	《农作物种子检验规程　发芽试验》（GB/T 3543.4—1995）						
使用的主要 仪器设备及编号	智能光照培养箱（×××）						

日期	Ⅰ			Ⅱ			Ⅲ			Ⅳ			发芽床_____
	正	不	死	正	不	死	正	不	死	正	不	死	温度_____
													置床日期_____
													实验持续时间_____天
													发芽前处理方法
													_____
正常幼苗（正）													容许误差_____
新鲜不发芽种子													实际误差_____
硬实													不正常幼苗种类
不正常幼苗（不）													_____
死种子（死）													_____

检验员　　　日期　　　　　　校核人　　　日期　　　　　　审核人　　　日期

第五节　幼苗鉴定与分类

一、正常幼苗

正常幼苗分为完整幼苗、带有轻微缺陷的幼苗和次生感染的幼苗3类。

1. 完整幼苗　完整幼苗主要构造生长良好、完全、匀称和健康（彩图7-2），主要有以下4个特征：

（1）有发育良好的根系（初生根细长，通常长满根毛、末端尖细，在规定试验时期内产生次生根）。

（2）有发育良好的下胚轴（直立、细长并有伸长能力）。

（3）出土后有两片完整绿色的子叶。

（4）顶尖生长点完好。

2. 带有轻微缺陷的幼苗　幼苗主要构造出现某种轻微缺陷，但在其他方面能均衡生长，并与同一试验中的完整幼苗相当。有以下4个特征：

（1）初生根局部损伤或生长稍迟缓。

（2）初生根有缺陷，但次生根发育良好。

（3）下胚轴局部损伤。

（4）子叶局部损伤，但总面积的一半或以上仍保持正常功能。

3. 次生感染的幼苗　由真菌和细菌感染引起，使幼苗主要构造发病和腐烂，但有证据表明病源不来自种子本身。

二、不正常幼苗

不正常幼苗分为受损伤的幼苗、畸形或不匀称的幼苗和由初生感染的腐烂幼苗 3 类。

1. 受损伤的幼苗 由机械处理、加热烘干、酸脱绒时的残酸腐蚀，以及昆虫危害等外部因素引起，使幼苗的主要构造残缺不全或受到严重损伤，以至于不能均衡生长发育者。

2. 畸形或不匀称的幼苗 由于气候因素引起的种子胚胎发育不良导致幼苗生长细弱，或主要构造畸形或不匀称的幼苗。

3. 腐烂幼苗 由初生感染（病源来自种子本身）引起，使幼苗主要构造发病和腐烂，并妨碍其正常发育的。

三、不正常幼苗的特征

1. 初生根 由初生感染所引起的腐烂、残缺、停滞、次生根不发育、从顶端开裂、纤细、负向地性生长、卷缩在种皮内、缩缢、短粗、水肿状等。常见的棉花初生根和种子根不正常类型见彩图 7-3。

2. 下胚轴 缩短而变粗、深度破裂或横裂、纵向开裂、缺失、缩缢、严重扭曲、过度弯曲、纤细、形成环状或螺旋状、水肿状，由初生感染所引起的腐烂。常见的下胚轴不正常类型见彩图 7-4。

3. 子叶 缺失，由初生感染而引起的腐烂、破裂或其他损伤，变色等。常见的子叶不正常类型见彩图 7-5。

第六节　几个表格的用法举例

一、同一检验室检查同一送验样品

同一检验室检查同一送验样品发芽率各重复间的容许误差时，用表 7-1。

例如，某一棉花种子发芽试验 4 次重复的发芽率分别为 97%、96%、98% 和 95%，其发芽试验条件为沙床、30 ℃恒温。判断本试验结果是否可靠？如何填报？

解答：4 次重复的结果平均值为：(97%＋96%＋98%＋95%)/4＝96.5%，根据修约至最近似整数的原则，发芽率修约为 97%（0.5 进为 1 计算）。

查表 7-1，当发芽率为 97% 时，最大容许误差为 7，而重复间的最大值减去最小值为 98-95=3，在容许误差范围内。

因此，判定本试验结果是可靠的，发芽率的填报结果为 97%。

二、从同一种子批扞取同一或不同送验样品，经同一或另一检验机构检验

从同一种子批扞取同一或不同送验样品，经同一或另一检验机构检验，比较两次发芽试验结果是否一致时，用表 7-2。

例如，某一棉花种子发芽试验 4 次重复的发芽率分别为 76%、65%、68% 和 57%，其发芽试验条件为沙床，30 ℃恒温。判断本试验结果是否可靠？如何填报？

解答：4 次重复的结果平均值为：(76+65+68+57)/4=66.5%，根据修约至最近似整数的原则，发芽率修约为 67% (0.5 进为 1 计算)。查表 7-1，当发芽率为 67% 时，最大容许误差为 18，而重复间的最大值减去最小值为 76-57=19，超过了容许误差 18，必须进行重新试验。

第二次发芽试验 4 次重复的发芽率分别为 70%、70%、68% 和 72%。4 次重复的结果平均值为：(70+70+68+72)/4=70，查表 7-1，当发芽率为 70% 时，最大容许误差为 18，而重复间的最大值减去最小值为 72-68=4，在容许误差范围内。

现在，比较两次试验的一致性：(66.5+70)/2=68.25%，根据修约至最近似整数的原则，发芽率修约为 68%。查表 7-2，当发芽率为 68% 时，最大容许误差为 7，而两次试验间的差距为 70-66.5=4，在容许误差范围内。因此，发芽率的最后填报结果为 68%。

三、发芽试验结果与规定值比较

当把抽检、统检、仲裁检验、定期检查等发芽试验结果与种子质量标准、合同、标签等规定值比较，判断两者的容许误差时，用表 7-3。

例如，在一次农业农村部部署的全国棉种质量抽查中，有一份毛子样品的发芽率实测为 64%，判断是否合格？

解答：根据 GB 4407.1—2008 和 NY 400—2000 规定，棉花毛子的发芽率标准为不低于 70%。查表 7-3，容许误差为 7 (58%~70%)。规定值减去实测值为：70-64=6，在容许误差之内。因此，判定该毛子样品发芽率合格。

例如，在一份包衣种子的销售合同中，约定种子的发芽率为 80%。双方将共同封样送到检验机构后，实测发芽率为 74%，判断是否符合合同要求？

解答：查表 7-3，容许误差为 5 (80%~86%)。约定值减去实测值为：80-74=6，超过容许误差。

因此，该包衣子样品发芽率不符合合同要求。

第八章 棉花种子快速发芽试验方法

第一节 概　　述

一、目的

GB/T 3543.4—1995 中规定的棉花种子的发芽试验持续时间为 12 天，而种子生产、加工、销售中往往迫切需要快速了解种子的发芽能力，以决定种子能否加工和销售，以减少或避免不必要的损失。

快速发芽是将棉花种子做简单处理后，利用纸床或沙床进行发芽试验，2 天或 4 天即可获得发芽结果，比国标发芽试验时间提前了 7～9 天，发芽率结果与国标结果为极显著正相关。

二、定义

快速发芽是指与 GB/T 3543.4—1995 中规定的发芽时间相比，在较短的时间内（2～4 天）即可获得发芽试验结果。

三、发芽床

采用纸或沙作为发芽床，湿润发芽床的水质应纯净、无毒无害、pH 为 6.0～7.5。

1. 纸床　具有一定强度、质地好、吸水性强、保水性好、无毒无菌、清洁干净，不含可溶性色素或其他化学物质，pH 为 6.0～7.5。

2. 沙床　沙粒大小均匀，其直径为 0.05～0.80 毫米，无毒无菌无种子。持水力强，pH 为 6.0～7.5。使用前必须进行洗涤和高温消毒。

四、仪器

1. 发芽箱　有光照、控温范围 10～40 ℃。
2. 发芽室　室内具有可调节温度和光照的条件。
3. 浸种器皿　100 毫升烧杯或塑料水杯（一次性水杯）。
4. 发芽器皿　适合棉花种子发芽的发芽盒或用于盛放纸床的大烧杯。

第二节　试验程序

一、数取试验样品

从经充分混合的净种子中，随机数取 400 粒。以 100 粒为一次重复，再分为 50 粒为一个副重复。

二、种子处理

用剪刀由种子的珠孔端（小头）剪开一个小口，使胚根露出 2～3 毫米，不要将胚根剪断。

三、浸种

用纸床作为发芽床时需要浸种，以加速发芽。将剪口后的种子置于 100 毫升烧杯或一次性水杯中，用 55 ℃温水浸种，待水温降至 40 ℃时，将盛种子和水的容器置 40 ℃温箱或培养箱中保温，以免室温太低，水温下降。毛子浸种 1 小时，光子与包衣子浸种 30 分钟。用沙床作为发芽床时，毛子用同样方法浸种，光子与包衣子不浸种。

四、置床培养

1. 沙床　将浸种后的种子或未浸种的种子，播在一层平整的湿沙上（厚度约 15 毫米），粒与粒之间保持一定的距离（彩图 8 - 1），然后加盖 10～20 毫米厚度的松散沙。在发芽盒上写好样品号，置培养箱中培养。

2. 纸床　将浸种后的种子，均匀地摆放在湿润好的一层发芽纸上，种子摆好后在上面再加盖一张同样大小的发芽纸（彩图 8 - 2），卷成纸卷。在纸卷上写好样品号，放入发芽盒或大烧杯中，容器底部加水，水深 10 毫米左右，并使纸卷竖放，置培养箱中培养。

发芽期间要经常检查温度、水分和通气状况。如有发霉种子应取出冲洗，严重发霉的应更换发芽床。

五、控制发芽条件

1. 水分和通气　沙床含水量为 12%～15%，发芽期间发芽床必须始终保持湿润，并注意通气。

2. 温度和光照　发芽在 30 ℃恒温条件下进行，每天 8 小时光照，光照强度为 13.5～22.5 微摩尔/(平方米·秒)。

六、休眠种子的处理

将发芽试验的各重复的种子放在通气良好的条件下干燥，种子摊成一薄层，置 40 ℃ 烘箱中加热干燥 24 小时。

七、幼苗鉴定

1. 试验持续时间　纸床快速发芽试验持续时间为 2 天（48 小时）。沙床快速发芽试验持续时间为 4 天（96 小时）。试验前用于破除休眠处理所需时间不作为发芽试验时间的一部分。

2. 鉴定

（1）沙床发芽时，每株幼苗都必须按第七章规定的方法进行鉴定。

（2）纸床发芽时，胚根和下胚轴总长度大于种子长度的 2 倍，有主根且下胚轴无病的种子，记为正常发芽种子。发芽试验结束时胚根和下胚轴总长度小于种子长度的 2 倍，或无主根，下胚轴发病、畸形、腐烂的种子，记为不正常发芽种子。

纸床发芽初次计数的时间为 1 天（24 小时），末次计数的时间为 2 天（48 小时）。彩图 8-3 为纸床发芽 48 小时不同类型种子（毛子、光子、包衣子）的发芽状况。沙床发芽初次计数的天数为 3 天（72 小时），末次计数的天数为 4 天（96 小时）。

在计数过程中，发育良好的正常幼苗应从发芽床中捡出，对可疑或损伤的、畸形或不均衡的幼苗，通常到末次记数，严重腐烂的幼苗或发霉的种子应从发芽床中除去。

八、重新试验

1. 怀疑种子有休眠（即有较多的新鲜不发芽种子）时，可采用 GB/T 3543.4—1995 中所述的方法加热干燥处理后重新试验。

2. 当发现试验条件、幼苗鉴定或计数有差错时，应重新试验。

3. 当 100 粒种子重复间的误差超过表 7-1 最大容许误差时，应采用同样的方法进行重新试验。

九、结果计算与表示

试验结果以粒数的百分率表示。当一个试验的 4 次重复（每个重复以 100 粒计，相邻的副重复合并成 100 粒的重复），正常幼苗（正常发芽种子）百分率都在最大容许误差内，则其平均数表示发芽百分率。不正常幼苗（不正常发芽种子）、硬实、新鲜不发芽种子和死种子的百分率按 4 次重复平均数计算。正常幼苗（正常发芽种子）、不正常幼苗（不正常发芽种子）和未发芽种子百分率的总和必须为 100%，平均数百分率修约到最近似的整数，修约 0.5 进入最大值。

第三节　国标法和快速发芽比较

农业农村部棉花品质监督检验测试中心对快速发芽试验和标准发芽试验做了比较试验，采用30 ℃恒温、每天8小时光照培养。沙床4天、纸床2天即可结束发芽试验。彩图8-4和彩图8-5分别为沙床法置床2天和4天时，按国家标准方法与快速发芽试验的对照图。

第九章　棉花种子水分测定

第一节　概　述

一、定义

按规定程序把棉花种子样品烘干所失去的重量，用失去重量占供检样品原始重量的百分率表示。种子中的水分按其特性可以分为自由水和束缚水两种。

二、目的

测定送验样品的水分，为棉花种子安全储藏、运输提供依据。种子水分是种子质量评定的重要指标，《经济作物种子　第1部分：纤维类》（GB 4407.1—2008）中把它列为四大指标之一。种子水分是影响种子寿命、安全包装及储藏的重要因素。不同的种子水分，其生命活动的强度和特点有明显差异，控制种子水分对延缓种子劣变有很大作用。因此，在棉花种子收购、入库、包装、调运、储藏期间，均应严格控制棉花种子水分，才能确保棉花种子安全储藏和运输。《经济作物种子　第1部分：纤维类》中规定了棉花种子的水分应在12%以下。

三、水分测定原则

1. 样品要放在密闭容器内，防止水分散失。
2. 接收样品后应立即测定。
3. 测定过程中的取样、磨粉和称量须操作迅速（不得超过2分钟），避免水分蒸发。
4. 在尽可能保证除去水分的同时，减少其他挥发性物质的氧化、分解或损失。
5. 室内湿度控制在70%以下。

四、仪器设备

1. 电热恒温干燥箱　控温范围50～200 ℃，误差不大于2 ℃（图9-1）。

图9-1　电热恒温干燥箱

2. 样品磨或粉碎机　结构密闭，粉碎样品时尽量避免室内空气的影响，转速均匀，不致使磨碎样品时发热而引起水分损失，可将样品磨碎。

图 9-2　样品磨　　　　　　　图 9-3　粉碎机

3. 分析天平　感量达到 0.001 克。

图 9-4　天　平

4. 样品盒　带有合适紧凑盖子的铝盒，要求样品在盒内的分布，每平方厘米不超过 0.3 克（建议铝盒规格为直径 5.0～5.5 厘米，高 3～3.5 厘米）。

图 9-5　样品盒及扦样器

5. 干燥器　干燥器内须配有一块厚玻璃片，玻璃片下装有合适的干燥剂，一般使用变色硅胶，在未吸湿前呈蓝色，吸湿后呈粉红色。因此，很容易分辨是否仍有吸湿能力。

图 9-6　干燥器

6. 其他用具　干净的磨口瓶、称量匙、毛刷、粗纱线手套、坩埚钳等。

第二节　测定程序

一、低温烘干法

低恒温烘干法是将样品放置在（103±2）℃的电热鼓风干燥箱中烘干 8 小时，适用于棉花种子水分含量低于 16％，不需预先烘干的水分测定。室内湿度应控制在 70％以下。

1. 铝盒恒重　将待用铝盒洗净后编号，于 130 ℃条件下烘干 3 小时，放入干燥器中冷却至室温，称重，记录盒号及盒重，此时盒重为 M_1。

2. 取试验样品　每个试样 5 克左右，重复两次。

3. 磨碎样品　将两个重复样品尽快分别磨碎，立即放进铝盒内；将样品摊平，盖好盖子以防水分蒸发。称重，精确至 0.001 克。记下盒号及盒重，此时盒重为 M_2。

4. 烘干称重　使烘箱通电预热至 110～115 ℃，将样品盒打开盖子放进烘箱，迅速关闭烘箱门。当箱内温度回升至（103±2）℃时开始计时，烘干 8 小时后，戴好纱线手套，打开箱门；在箱内把样品盒盖盖好，取出后放入干燥器中冷却至室温，30～45 分钟后称重，此时盒重为 M_3。

5. 结果计算

$$种子水分（\%）=\frac{M_2-M_3}{M_2-M_1}\times100$$

式中：M_1——样品盒和盖的重量，单位为克；

　　　M_2——样品盒和盖及样品的烘前重量，单位为克；

　　　M_3——样品盒和盖及样品的烘后重量，单位为克。

计算结果保留 1 位小数。

二、高水分预先烘干法

当棉花种子的水分超过 16％时，用预先烘干法测定水分。

1. 预先烘干　第一次先从送验样品中称取两份样品各（25.00±0.02）克，在 70 ℃下预烘 1 小时，取出后放置室内冷却 2 小时，称重，计算百分率，此时记为 S_1。

2. 称取试验样品　第二次将已初步烘干的种子磨碎，从中分别称取两个重复各 5 克试验样品，精确至 0.001 克。

3. 烘干　同低恒温烘干法，此时水分记为 S_2。

4. 结果计算

$$种子水分（\%）=S_1+S_2-\frac{S_1\times S_2}{100}$$

式中：S_1——第一次整粒种子烘干后失去的水分，单位为百分率（％）；

　　　S_2——第二次磨碎种子烘干后失去的水分，单位为百分率（％）。

三、容许误差及结果报告

若一个样品的两次测定之间的误差不超过 0.2% 时，其结果用两次测定值的算术平均数表示，精确度为 0.1%。否则，重做两次测定。

四、记载表

棉花种子的水分一般不会超过 16%，因此，常用低恒温烘干法测定水分，记载见表 9-1。

表 9-1　水分测定原始记载

编号

样品编号	作物名称	烘干步骤	测定方法	盒号	盒重 m_1（克）	（盒+样）重 烘前 m_2（克）	（盒+样）重 烘后 m_3（克）	水分 H（%）	重复间差异（%）	允许误差（%）	平均值（%）
	棉花	—	低恒温烘干法							0.2	
		—	—			—	—	—		—	
						—	—				

检测依据	《农作物种子检验规程　水分测定》（GB/T 3543.6—1995）
计算公式	$H = \dfrac{m_2 - m_3}{m_2 - m_1}$
使用的主要仪器设备及编号	□1413 电子天平（×××）　　　□GB303 电子天平（×××）　　□样品粉碎机（×××） □电热鼓风干燥箱（×××）　　□电热鼓风干燥箱（×××）

说明：1. 环境条件：温度_____℃，相对湿度：_____%。

　　　2. 烘干步骤一栏用于填写高水分预先烘干的两次烘干。

检验员：　　　日期：　　　　　核校人：　　　日期：　　　　审核人：　　　日期：

第十章　棉花种子真实性和品种纯度鉴定

第一节　概　　述

一、真实性和品种纯度鉴定的目的意义

根据检测结果，推测种子批的种子真实性和品种纯度。品种真实性和纯度是保证种子优良遗传特性充分发挥的前提，是正确评定种子质量的重要指标。目前，由于棉花新品种更新、更换速度较快，品种分区种植不严格，种子的调运频繁，品种多、乱、杂的问题并没有最终解决。因此，棉花种子真实性和品种纯度仍是种子检验的重要内容。棉花品种纯度高低直接影响着增产潜力的发挥及纤维品质的优劣，因此，品种真实性和纯度检验在种子生产、加工、储藏及经营贸易中具有重要意义和应用价值。

二、术语与定义

1. 品种真实性　供检品种与文件记录（如标签等）是否相符，或者与标准品种相比是否相同。

2. 品种纯度　品种个体与个体之间在特征特性方面典型一致的程度，用本品种的种子数（或株数）占供检本作物样品种子数（株数）的百分率表示。

3. 变异株　一个或多个性状（特征体性）与原品种育成者所描述的性状明显不同的植株。

4. 育种家种子　育种家育成的遗传性状稳定的品种或亲本种子的最初一批种子，用于进一步繁殖原种种子。

5. 原种　用育种家种子繁殖的第一代至第三代，经确认达到规定质量要求的种子。

6. 大田用种　用常规原种繁殖的第一代至第三代或杂交种，经确认达到规定质量要求的种子。

三、品种纯度检验的方法

品种纯度检验的方法很多，根据所依据的原理不同主要可分为形态鉴定、物理化学法鉴定、生理生化法鉴定、分子生物学方法鉴定和细胞学方法鉴定；根据检验的对象分为种子纯度测定、幼苗纯度测定和植株纯度鉴定；根据检验的场所分为田间纯度检验、室内纯度检验和田间小区种植鉴定等。

棉花品种纯度目前仍以田间检验为主，即田间小区种植鉴定法，这是目前鉴定品种真实性和测定品种纯度最为可靠、准确的方法。室内的种子形态与纤维整齐度测定可作参考。

第二节　田间小区种植鉴定法

一、土地选择

为了使品种特征特性充分表现出来，试验的设计和布局上要选择气候环境条件适宜、土壤均匀、肥力一致、前茬无同类作物和杂草的田块，并有适宜的管理措施。株行距可适当放宽。根据棉花的生产习性，通常在海南进行冬季田间小区鉴定。

二、设标准品种对照

田间小区种植鉴定应设标准品种的对照。对照样品最好是育种家种子，它代表原品种的特征特性。国家应规定在新品种审定时，由育种家交出足够多的种子，在低温库中保存，以免连年种植或不同繁育人员、不同的选择压力而发生变异。

三、小区设计

为了使种植鉴定便于观察，小区设计应考虑以下几个方面：

1. 在同一田块，将同一品种、类似品种的所有样品连同提供对照的标准样品相邻种植，以突出它们之间的细微差异。

2. 如果资源允许，小区种植鉴定可设重复。《农作物种子检验规程》（GB/T 3543.5—1995）中没有规定重复间的最大容许误差。

3. 小区种植鉴定的行间距应有足够的距离，一般采用行距 80 厘米、株距 26～30 厘米。

4. 种植株数　田间小区种植的株数，因涉及权衡观察样品的费用、时间和产生错误结论的风险，究竟种植多少株很难统一规定。但是，如果测定品种纯度并与发布的质量标准进行比较，必须种植较多的株数。为此，经济合作与发展组织规定了一条基本的原则：一般来说，若品种纯度标准为 $X\% = (N-1) \times 100\%/N$，种植株数为 $4N$ 即可获得满意的结果。例如，我国原种规定纯度标准为 99.0%，代入上式，即：

$$99\% = (N-1) \times 100\%/N$$
$$99\,N = 100\,N - 100$$
$$N = 100，4\,N = 400（株）$$

即每个样品至少要种植 400 株。

在实际鉴定时，通常把 $4N$（常大于 $4N$）分成若干个（一般 3 个）副重复，分别进行纯度鉴定，取其平均值。

四、小区管理

小区种植的管理，通常要求与大田生产管理相同；不同的是，任何时候都要保持品种的特征特性和品种的差异，做到整个生长阶段都能检查小区的植株状况。小区种植鉴定只要求观察品种的特征特性，不要求高产，土壤肥力应中等。使用除草剂和植物生长调节剂必须要小心，避免影响植株的特征特性。

五、鉴定和记录

检验员应拥有丰富的经验，熟悉被检品种的特征特性，能正确判别植株是属于本品种还是变异株。变异株应是遗传变异，而不是受环境影响引起的变异。所以，在调查生育性状时，尽可能去除受病虫影响而产生变异的植株。

棉花的整个生育期都可进行鉴定，但花铃期是最佳时期，必须在此期间开展一次调查与鉴定，在苗期观察记载出苗早晚、整齐度和生长势供参考。整个棉株与各种器官都可作为鉴定对象，以株型、叶型、铃型、花器官为主。

株型重点观察株高、果枝节位、果枝角度、果节长短和茎秆茸毛的有无或多少；叶型包括叶子的厚度、叶色深浅、叶裂、叶缘缺刻、叶面茸毛及花斑叶等特殊的变异；铃型可分为圆、卵圆、椭圆、长尖，以及铃嘴形态和十字纹，苞叶形态等性状；花可根据大小、柱头长短、花药颜色判断。

六、结果计算

按标准规定，田间鉴定将所鉴定的本品种、异品种、异作物和杂草等均以所鉴定植株的百分率表示。通常，棉花品种纯度按下式计算：

$$品种纯度（\%）=\frac{供检植株数-杂株数}{供检植株数}\times100$$

七、容许误差

当抽检、统检、仲裁检验、定期检查结果与种子质量标准、合同、标签等规定值比较时，可用下式进行计算容许误差：

$$T=1.65\sqrt{\frac{p\times q}{N}}$$

式中：p——品种纯度的数值；

q——$100-p$；

N——种植株数，单位为株。

例如，2003 年，农业部棉种质量监督抽查时，有一份大田用种样品田间纯度实测为91.2%，鉴定株数为 210 株，判断是否合格？

解答：GB 4407.1—2008 和 NY 400—2000 都规定棉花大田用种的纯度应不低于 95.0%。

$$T=1.65\times\sqrt{\frac{95-5}{210}}=2.48$$

$$91.2+2.48=93.68$$

结果保留一位小数，为 93.7＜95.0，因此，判定此样品不合格。

八、结果报告

田间小区种植鉴定纯度结果填报时保留一位小数。

第三节　棉花形态特征鉴定图谱

一、株型

棉花株型分为圆柱形、圆锥形和球形 3 种，圆柱形也叫筒形，上下果枝长度相近，叶枝少，株型紧凑，适于密植栽培；圆锥形也叫塔形，下部果枝较长，上部渐短，果节较多，株型较紧凑，群体光能利用较好，是理想的株型。棉花常见株型见彩图 10-1。

二、叶型

1. 叶片形状　棉花叶片形状分为掌形、掌形到指形、指形和披针形 4 种。目前，大面积种植的品种的叶片形状以掌形和掌形到指形为主，它们的叶缘缺刻呈掌状，裂片一般为 3~5 个，有的多至 7 个，大多数为奇数，两边对称，有时也出现偶数裂片的不对称叶。陆地棉的缺刻较浅，常不及叶长的 1/2；海岛棉的裂片狭长，裂片缺刻超过叶长的 1/2。田间常见叶片形状见彩图 10-2。

2. 叶片大小　棉花品种不同，叶片大小亦不一样（图 10-1），陆地棉品种的叶片分大、中、小 3 种类型，目前大面积种植的品种，叶片大小多以中等大小为主。

图 10-1　叶片大小比较

3. 叶片颜色　棉花品种不同，叶片颜色亦不相同（彩图 10-3），有芽黄色（如彭泽芽黄）、中等绿色（如中棉所 12）、深绿色（如中棉所 30）、红色和紫色（如红叶白絮）。目前，大面积种植的品种，叶片颜色多为绿色。

4. 叶片其他性状　除利用叶形、叶色和叶片大小 3 个主要特征进行区分外，还可借助叶背中脉茸毛多少、叶背蜜腺的有无、叶片色素腺体多少等次要性状加以区分。

三、主茎

根据棉花主茎进行真实性和纯度鉴定时，主要观察主茎的颜色和茸毛多少。棉花主茎的颜色随品种的不同而不尽相同，主要有浅绿色、中等绿色、深绿色、红绿色和红色之分。茎秆茸毛分为无或极少（如鄂抗棉 9 号和海 7124）、少（如中棉所 35）、中（如中棉所 12）和多（如中棉所 19）（彩图 10-4）。

四、果枝类型

果枝类型分为零式果枝、有限果枝和无限果枝 3 种。蕾铃直接着生在主茎叶腋内称为零式果枝；果枝上只有 1 个果节，顶端丛生几个蕾铃，称为有限果枝；果枝上具有 3 个及以上果节的为无限果枝（图 10-2）。根据无限果枝节间的长短，无限果枝可分为 4 种类型：紧凑型、较紧凑型、较松散型和松散型。果枝节间很短，长度在 2～5 厘米，称为紧凑型；果枝节间较短，长度在 5～10 厘米，称为较紧凑型；节间较长，一般长度在 10～15 厘米，称为较松散型；节间很长，长度在 15 厘米以上，由于棉铃排列稀疏，株型显得很松散，称为松散型。目前，大面积种植的陆地棉品种，大多是较紧凑型和较松散型。这两种株型的棉花，既可适当密植又可适当稀植，以充分兼顾个体和群体的生产潜力。

零式果枝　　　　有限果枝　　　　无限果枝

图 10-2　果枝类型

五、花

棉花现蕾以后，经过 25～30 天的生长和发育，即进入开花和受精阶段。棉花的花为单花，每朵花包括苞片、花萼、花冠、雄蕊和雌蕊。鉴定时对花的观察包括花瓣颜色、花瓣基部红斑有无、花粉的颜色、柱头相对于雄蕊的位置 4 项内容。

1. 花瓣颜色　花瓣颜色有 5 种，乳白色、黄色、粉红色、红色和紫红色（彩图 10-5），目前，大面积种植的品种花瓣颜色以乳白色和黄色居多。

2. 花冠基部红斑　棉花的花瓣，有些基部有红斑，有些无红斑（彩图 10-6）。

3. 花粉颜色　棉花花粉颜色有乳白色、浅黄色和黄色之分（彩图 10-7）。

4. 柱头高度　柱头相对于雄蕊的位置有 3 种情况：高于、等高和低于雄蕊（彩图 10-8）。

六、铃型

1. 棉铃形状 棉铃是由受精后的子房发育而成的果实，在植物学上属于蒴果。棉铃的外部可分为铃尖、铃肩和铃基部。根据铃的外部形状，可分为锥形、卵圆形、椭圆形和圆球形4种（彩图10-9），各种棉铃的纵切面见彩图10-10。4个栽培种棉铃的形状具有较大的差异。陆地棉的铃形，多数品种为卵圆形或椭圆形，表面光滑，油腺不明显。海岛棉铃形较瘦长，有明显铃尖，表面不光滑，呈凹陷状，油腺明显。

2. 铃柄长度 棉花开花后，原来的花梗发育成了铃柄。根据铃柄长度将其划分为长、中、短3种类型（彩图10-11）。

3. 铃尖凸起程度 棉铃的顶端长有凸起的铃尖，根据铃尖凸起程度可分为弱、中、强3种类型（彩图10-12）。

4. 铃嘴十字纹 铃嘴十字纹因品种不同而不同（彩图10-13），不同铃嘴十字纹与棉铃室数密切相关。棉铃室数，因棉种不同而有差异，陆地棉为4～5室，3室较少。海岛棉多数为3室。

5. 棉铃色素腺体 棉铃表面着生有许多黑色的色素腺体，含色素腺体多的棉铃，铃面颜色呈深绿色；含色素腺体少的棉铃，铃面颜色呈浅绿色（彩图10-14）。

6. 苞叶 棉花苞叶通常为3片，形状近似三角形，基部因棉种不同联合或分离。中间苞齿最长，两边较短。苞片外侧基部有一圆形蜜腺，称苞外蜜腺。苞片为叶性器官，多为绿色，也有紫红色。棉铃外被的苞叶因品种不同而有大小和齿形的差异，苞叶根据相对大小可分为小、中、大3种类型，根据齿形分为细、中、粗3种（彩图10-15）。棉铃苞叶大的几乎全部覆盖整个铃面，小的只有棉铃基部有苞叶。在进行品种真实性和纯度鉴定时，不仅要观察苞叶面积相当于铃表面积的大小，还要观察苞叶的齿形。

七、吐絮程度

棉铃一般经50～70天发育成熟，铃壳开裂，铃内子棉蓬松露出，称为吐絮。棉铃成熟时，每一心皮中肋处开裂，接着腹缝开裂，铃壳开裂程度差异很大，开裂充分的，各铃瓣裂成近平面，瓣尖反卷，称为吐絮畅；开裂不充分的，有的仅铃尖稍许开裂，因而吐絮不畅，造成收摘困难。根据棉铃的开裂程度，可分为弱、中、强3种类型（彩图10-16）。

八、皮棉颜色

棉花根据纤维颜色的不同分为白色和彩色2种，如果没有特别说明，常说的棉花即指白色纤维的棉花，彩色纤维的棉花常见的有绿絮和棕絮2种（彩图10-17）。

九、种仁色素腺体

大部分棉花种仁含有色素腺体，也有一部分低酚棉品种不含或极少含色素腺体（彩图

10－18），如中棉所 13。

第四节　室内鉴定法

一、纤维平均长度及其整齐度

纤维平均长度及其整齐度是判断品种的参考指标。

1. 纤维平均长度　在棉花收获期于田间取中喷花 50 铃，从每铃中任意取子棉 1 瓣，共 50 瓣。每瓣取中部子棉 1 粒，共 50 粒。用左右分梳法测定纤维长度，然后再求出 50 粒子棉的纤维平均长度，并将此长度与原品种标准样品（或文字材料）的纤维长度比较，看是否接近，如显著小于原品种纤维长度，则表示纯度不高，品种已退化。

2. 纤维整齐度　用纤维平均长度左右 2 厘米以内的子棉粒数占供检子棉总粒数的百分率表示。计算方法如下：

$$纤维整齐度（\%）=\frac{纤维平均长度+2毫米以内的子棉粒数}{供检子棉粒数}\times100$$

凡整齐度达 90% 以上的，为纤维整齐，表示纯度高；80%～90% 为纤维较整齐，品种纯度较高；80% 以下，纤维不整齐，表示纯度较差。彩图 10－19 为纤维分梳法判断纤维整齐度。

二、种子形态和短绒颜色

种子形态和短绒颜色也是室内鉴定品种纯度的参考指标。

从净种子中随机数取试样 500 粒，两次重复。根据棉花种子短绒着生密度、颜色、子形和子仁有无油腺等性状加以鉴定。陆地棉正常种子为卵圆形，短绒为白色、灰白色或棕黄色，而多毛大白子、稀毛子、小子、绿子、畸形子等均为杂子，是品种退化的表现。海岛棉中灰绿色子、光子为正常子，而白灰子、畸形子为杂子。计算方法如下：

$$棉子纯度（\%）=\frac{供检种子数-杂子数}{供检种子数}\times100$$

纤维整齐度和种子形态均未列入 GB/T 3543.1～3543.7 农作物种子检验规程中，但据作者多年的经验，它们仍可在综合判定品种纯度时作参考指标。不同子形、子色见彩图 10－20。

第十一章　棉花种子生活力测定

第一节　概　　述

一、定义

种子的生活力是指种子发芽的潜力或种胚具有的生命力。通常用于休眠种子的检验、种子收购时的初步检验、发芽试验有疑问时的补充试验，但不能代替发芽试验。

种子生活力和发芽具有不同的含义。一些休眠种子在发芽试验中不能发芽，但它不是死种子而是有生活力的，当破除休眠后，能长成正常幼苗。生活力反映的是种子发芽率和休眠种子百分率的总和，是种子批的最大发芽潜力。所以，生活力测定能提供给种子使用者和生产者重要的质量信息。

二、意义

1. 快速预测种子发芽能力　在短期内急需了解种子发芽率或当某些样品在发芽末期尚有较多的休眠种子时，可应用生活力的生化法快速估测种子生活力。休眠棉花种子可借助预处理打破休眠，进行发芽试验。但《农作物种子检验规程》（GB/T 3543.1～3543.7）规定棉花种子发芽试验从开始到结束需要 12 天，时间较长；而棉种生产、加工、销售中往往迫切需要快速了解种子的发芽能力，以决定种子能否加工和销售，以减少或避免不必要的损失。所以，因时间紧迫，不可能采用正规的发芽试验来测定发芽率。这时可用生物化学速测法测定种子生活力作为参考。

2. 可以测定休眠种子的生活力　新收获或在低温储藏处于休眠状态的种子，采用标准发芽试验，即使供给适宜的发芽条件，发芽率也会很低，这种情况下，仅用发芽试验测定其发芽率，不能测定出种子的最大发芽能力，此时必须进一步测定其生活力，以了解种子潜在发芽能力，合理利用种子。播种之前对发芽率低而生活力高的种子，应进行适当处理后播种。对发芽率低，同时生活力也低的种子，不能作为种用。

三、测定方法

种子生活力测定方法有四唑染色法、亚甲蓝法、溴麝香草酚蓝法、红墨水染色法、软 X 射线造影法等。但正式列入国际种子检验规程和我国农作物种子检验规程的种子生活力测定方法是四唑染色法。用于种子生活力测定的四唑有多种，最常用的是 2，3，5 -三苯基氯化四氮唑，简称 TTC。

四、四唑染色原理

四唑染色法的原理是根据有生活力种子的胚细胞含有脱氢酶，在脱氢酶的作用下，无色的三苯基氯化四氮唑，接受活细胞内三羧酸代谢途径中释放出来的氢离子，被还原成红色、稳定、不扩散的三苯基甲替（TTF）；无生活力的种子则无此反应，种子局部受损的死组织亦无此反应。可根据四唑染成的颜色和部位，区分种子红色的有生活力部分和无色的死亡部分。除完全染色的有生活力种子和完全不染色的无生活力种子外，还可能出现一些部分染色的种子。

此方法用于快速了解加工种子在运行过程中遭受高温烘干及酸腐蚀等损害情况，效果极佳。

生活力强的种子，脱氢酶多、活性高，生成的甲替也多，染色鲜明；生活力弱的种子，脱氢酶少、活性低，生成的甲替少，染色浅；无生活力的死亡种子或部分死亡组织，脱氢酶已破坏，不能染色。

五、特点

四唑染色方法于 1942 年由德国的 G. Lakon（莱康）教授发明，是一种世界公认、广泛应用、使用方便、省时快速、结果可靠的种子生活力检验方法。具有以下几个特点：

1. 原理可靠，结果准确 四唑染色法主要是按胚的解剖构造的染色图形来判断种子的死与活，测定结果与发芽率误差一般不会超过 3%～5%。

2. 不受休眠限制 四唑染色法不像种子发芽那样通过培养，根据幼苗生长的正常与否来估算发芽率，而是利用种子内部存在的还原反应显色来判断种子的死活。

3. 方法简便，省时快速 所需仪器设备较少，测定方法也较为简便，3～5 小时就能获得结果。

4. 成本低廉 测一个样品不足一元钱。

六、缺点

对检验员的经验和技能要求较高，结果不能提供休眠的程度；不能像发芽试验那样能反映药害情况。

七、仪器设备

1. 控温设备 发芽箱或电热恒温箱。

2. 天平 感量为 0.001 克。

3. 其他 钳子、烧杯、手持放大镜、手套等。

第二节　测定程序

一、配制 TTC 溶液

对整粒棉花种仁进行染色，TTC 溶液的浓度以 0.5% 为宜。此染色为一种酶促反应，对环境的酸碱度有一定要求，一般在 pH 6.5~7.5 的磷酸缓冲液中进行，否则染色不明显，会影响观察结果。称取磷酸二氢钾（KH_2PO_4）0.363 克和磷酸氢二钠（$Na_2HPO_4 \cdot 12H_2O$）1.430 克，溶入 100 毫升蒸馏水中，再加入 0.5 克四唑粉剂，即配成 0.5% 的四唑溶液。必须储存于棕色瓶中避光保存。

二、数取试验样品

2~4 次重复，每重复随机数取净种子各 100 粒。

三、样品预处理

先在 45℃ 下用水浸泡 3 小时以上，使种壳软化，然后剥去种壳。为了快速处理，种子可不经浸泡，直接用小手钳剥取完整种仁。这对光子及包衣子更为适宜，可避免因浸泡引起的残酸与包衣剂对种仁的损害。包衣种子应先用水将种衣剂搓洗干净后再剥。

四、染色

将两个重复的种仁分别放入容器中，倒入 0.5% TTC 溶液并浸没种仁，摇匀，加盖，置 30℃ 下染色 5 小时或 40℃ 下染色 3 小时。染色需在黑暗中进行。

五、观察与判断

染色后用自来水冲去染液，再剥去种仁外膜，即可进行观察，如一时观察不完，可在清水中存放，以免干燥。

判断方法：棉花种仁各部位全部染成红色的为有生活力的种子，全部染不上红色的为无生活力的种子。局部染色的种子有以下几种情况：胚根有局部不染色或子叶有 1/2 以下面积不染色者为有发芽能力的种子，整个胚根不染色或子叶有 1/2 以上面积不染色者为不能发芽的种子。一般将染色情况分为 10 种类型，如图 11-1 所示，其中 1~5 图为能发芽种子，6~10图为不能发芽种子。

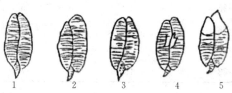

图 11-1　生活力测定染色图

1. 整个胚染成红色
2. 仅胚根尖未着色
3. 仅子叶合点处未着色
4. 子叶上有面积不大的未着色斑块
5. 子叶上有 1/2 以下面积未着色，胚根仍全部着色

6. 胚根未着色
7. 子叶的 1/2 或以上面积未着色
8. 整个胚成不正常深紫红色或灰暗色
9. 整个胚呈粉色
10. 整个胚未着色

六、结果表示

计算各重复中有生活力的种子数，根据表 11-1 检查重复间是否超差；若超差，需重做，不超差则计算重复间的平均百分率，计算结果修约至整数。

表 11-1　生活力测定重复间的最大容许误差

平均生活力百分率（%）		重复间容许的最大误差		
50%以上	50%以下	4 次重复	3 次重复	2 次重复
99	2	5	—	—
98	3	6	5	—
97	4	7	6	6
96	5	8	7	6
95	6	9	8	7
93～94	7～8	10	9	8
91～92	9～10	11	10	9
90	11	12	11	9
89	12	12	11	10
88	13	13	12	10
87	14	13	12	11
84～86	15～17	14	13	11
81～83	18～20	15	14	12
78～80	21～23	16	15	13
76～77	24～25	17	16	13
73～75	26～28	17	16	14
71～72	29～30	18	16	14
69～70	31～32	18	17	14

（续）

平均生活力百分率（%）		重复间容许的最大误差		
50%以上	50%以下	4 次重复	3 次重复	2 次重复
67～68	33～34	18	17	15
64～66	35～37	19	17	15
56～63	38～45	19	18	15
55	46	20	18	15
51～54	47～50	20	18	16

七、原始记载表

见表 11 - 2。

表 11 - 2　生活力的生化（四唑）测定原始记载表

样品编号		作物名称		品种（组合）名称	
预处理方法		试剂浓度		处理时间	
处理温度		容许误差		实际误差	
重　复	I	II	III	IV	平均百分率
检测粒数					
有生活力种 子 数					
无生活力种 子 数					
硬实粒数					
检测依据					
使用的主要仪器设备及编号					

注：检测棉籽需填写硬实一栏，并将其百分率记入到生活力百分率中。

第十二章 棉花种子活力测定

第一节 概　　述

一、定义

种子活力概念的出现和发展经历了相当长的历史时间，早在 1876 年种子学的创始人德国的 Nobbe 教授就发现高发芽率的不同种子批有不同的出苗力，并将这一现象称为推动力（driving force）。这一现象后来有不同的名称，如发芽势（germination energy）、生命力（vitality）和幼苗活力（seedling vigor）。1950 年，在国际种子协会（ISTA）的年会上首次讨论了种子活力测定这一概念。尽管如此，长期以来对种子活力的定义仍不统一，因为种子活力不像发芽率那样是一个单一的质量指标，而是综合若干特性的概念。经过 27 年的争论，直到 1977 年国际种子检验协会（ISTA）的第 18 届大会上通过了种子活力的定义，即"种子活力是指种子或种子批发芽和出苗期间的活性强度及种子特性的综合表现。表现良好的为高活力种子，表现差的为低活力种子"。1980 年北美官方种子分析家协会（AOSA）制定的定义更为直接简明，即"种子活力系指在广泛的田间条件下，种子本身具有的决定其迅速而整齐出苗及正常发育的全部潜力的所有特性"。2004 年出版的《国际种子检验规程》将活力定义为"种子活力是指在广泛的环境条件下，决定可接受发芽率的种子批的活性和性能的综合表现。"并做了进一步的阐述，种子活力不是一种简单的测定概念，而是一种能表达如下有关种子批性能多种特性的综合概念：首先，种子发芽、幼苗生长的速率和整齐度；其次，种子在不利环境条件下的出苗能力；最后，储藏后，特别是能保持发芽力的性能。高活力种子批即使在不适宜的环境条件下，仍具有良好性能的潜力。

种子活力（seed vigor）是种子质量的重要指标之一，也是反映种用价值的主要组成部分，与种子田间出苗质量密切相关。在美国和欧洲，活力测定应用已经很普遍，许多种子公司把活力测定作为常规的检测项目。我国对活力测定的研究工作起步较晚，较其他国家落后了 20～30 年。1980 年前后，"活力"一词才引入我国，活力测定方法在我国农业生产和种子检验方面应用较少。

二、种子活力保持与丧失

1. 活力保持　种子活力的保持与储藏期间的代谢有关，当自由水含量降低后种子进入休眠或静止状态，有利于活力保持和寿命延长。研究表明，在种子脱水过程中伴随着大量的生理生化反应，概括来讲主要包括：二糖和寡糖的积累，储藏蛋白、胚胎发育晚期丰度（LEA）蛋白和热休克蛋白（HSP）的合成，抗氧化系统的激活，细胞膜结构的改变。随着脱水，种子获得了活力保持的生理和分子基础：种子密度逐渐增大；种子从成熟向静止过渡；种子萌发潜力不断获得和增强；能量代谢，自由基代谢和耗氧量逐渐降低；种子进入一种"理想"的活力保持状态——休眠或静止。

2. 活力丧失　关于种子活力丧失（seed vigor loss）的机制尚不完全清楚，自由基和膜脂过氧化被认为是主要原因，在大量自由基存在而且活跃的情况下，种子膜完整性被破坏，DNA 降解，RNA 和蛋白合成受损，能量代谢下降，种子活力下降。而种子自由基活跃程度受自由水含量的影响，当自由水含量升高时，在高温环境下种子倾向于"劣变式"的活力下降；当自由水在临界点以下或者含量很低时，种子倾向于"生活式"的活力下降。在自然界二者均可能发生，而在种子储藏时，"生活式"活力下降较为普遍。种子"生活式"的活力下降过程可能如下：①短期内种子继续脱水完成后熟。②自由水散失，种子进入休眠或静止状态。③ROS 积累，与 ROS 清除系统相互竞争，保持一种长期的动态平衡。④平衡状态被打破，ROS 大量积累，种子膜通透性增大，DNA 和 RNA 完整性降低，蛋白质变性。⑤胚根生长潜力下降，幼苗表型变弱。⑥种子批发芽势和发芽率下降。

三、测定种子活力的意义

1. 高活力种子具有明显的生产优越性　种子活力是种子的重要品质，高活力种子具有明显的生长优势和生产潜力。

（1）提高田间出苗率。高活力种子可提高田间出苗率，能保证苗全、苗壮，为增产打下良好的基础。

（2）抵御不良环境条件。高活力种子由于生命力较强，具有较强的抗逆能力。对不良环境条件、温度条件具有较强的抵抗力。例如，在干旱地区，高活力种子可适当深播，以便吸收足够的水分而萌动发芽，并有足够的能量拱出土面，而低活力的种子则在深播情况下无力拱出土面。又如在多雨或土壤黏重的地区，土壤容易板结，高活力种子有足够力量顶出土面，而低活力种子则不能出苗。高活力种子还可抵抗早春低温，适当提早播种。

（3）抗病、虫、杂草。高活力种子由于发芽迅速、出苗整齐，可以抵抗微生物、病虫害及杂草的侵染。同时由于幼苗健壮、生长旺盛，具有和杂草竞争光、水、肥的能力。

（4）节约播种费用。高活力种子成苗率高，因此与低活力种子相比，可减少播种量。高活力种子可实现一播全苗，减少补种环节，省时省工，节约人力、物力、财力，尤其适用机械精量播种。

（5）提高产量。高活力种子不仅可以苗全、苗壮，而且可以增加果枝数，增加铃重和铃数，因而可以明显提高产量。

（6）提高耐储藏性。高活力种子可以较好地抵抗如高温、高湿等储藏逆境，因此，需要较长时间储备的种子和作为种质资源保存的种子，最好选择高活力的种子。

2. 活力测定的必要性

（1）保证田间出苗率和生产潜力的必要手段。发芽试验只能了解在适宜条件下的发芽能力，只有进一步进行活力测定后才能预测田间的真实出苗能力。因为有些开始老化、劣变的种子，虽然具有较高的发芽率，但因活力不高，往往导致田间出苗较差。有时两批发芽率相同或接近的种子，其田间出苗率有较大的差异，例如，有两批种子发芽率均为 80%，其中一批种子田间出苗率达到 65%，而另一批种子的田间出苗率只有 10%。这是由于前者活力较高。后者活力较低的缘故。因此，对种子进行活力测定，可防止给农业生产造成不必要的损失，特别进行机械播种和精量播种时尤为重要。

（2）种子产业中必不可少的环节。种子收获后，要进行干燥、加工、储藏等一系列处理过程。如某些条件和技术不合适，可能使种子遭受机械损伤和生理劣变，降低种子活力。因此，对种子进行活力测定，可及时改进加工技术，提高种子质量。

（3）育种工作者必须采用的方法。育种工作者在选择抗寒、抗病、抗逆、早熟、丰产的作物新品种时，都应进行活力测定，因为作物品种的这些特性与种子活力密切相关。此外，他们要选择种子某些有利于出苗的形态特征进行测定，如棉花的下胚轴坚实性、玉米的芽鞘开裂性等，前者有利于幼苗顶出土面，后者不利于幼苗出土。这些都离不开活力测定。

（4）种子生理研究种子劣变生理的必要方法。种子从形成发育、成熟收获直至播种的过程中，时刻发生变化，生理工作者采用生理生化及细胞学等方面的种子活力测定方法，研究种子劣变机理及改善和提高种子活力的方法。

四、活力、生活力与发芽率的区别及联系

衡量种子生理质量的指标有发芽率、生活力和活力，三者既有密切的关系、又有完全不同的含义。

1. 种子的生活力是指种子发芽的潜力或种胚具有的生命力，通常用供检样品中活种子数占样品总数的百分率表示。

2. 种子发芽率是指种子在适宜条件下（实验室控制条件下）长成正常幼苗的能力，通常用供检样品中正常幼苗数占样品总数的百分率表示。

《国际种子检验规程》指出，在下列 6 种情况下，如果鉴定正确，生活力测定和发芽率测定的结果基本是一致的：①无休眠、无硬实种子或通过适宜的预处理破除了休眠和硬实。②没有感染。③加工时未受到不利条件或储藏期间未用有害化学药品处理。④尚未发生萌芽。⑤在发芽试验中未发生劣变。⑥发芽试验是在适宜的条件下进行的。

发芽率已作为世界各国制订种子质量标准的主要指标，在种子认证和种子检验中得到广泛应用，但由于生活力测定快速，有时可用来暂时替代正规发芽试验测定的发芽率，但最终的结果还是要用发芽率作为正式依据。

3. 种子活力简单地说就是指高发芽率种子批间在田间表现的差异。种子活力是比发芽率更敏感的指标，在高发芽率的种子批中，仍然表现出活力的差异。通常高发芽率的种子具有较高活力，但两者不存在正相关。

种子活力和生活力均伴随种子老化、劣变的进程而下降，但活力明显先于生活力下降。例如，种子经过大约 8 个月的储藏，生活力下降到 80%左右，活力已下降到 30%左右。

五、种子活力与萌发及出苗的关系

种子活力是种子质量的重要指标之一，也是反映种用价值的主要组成部分，它与田间出

苗质量密切相关。种子萌发是指种子吸水膨胀，胚重新恢复生长，胚根突破胚乳和种皮后完成萌发。种子萌发的活力主要由胚的生长潜力决定。而出苗一般指子叶展开，或者子叶退化真叶破土，与胚根突出相比，子叶展开具有滞后性，"出苗"（seedling emergence）之所以被农民广泛关注，是因为在土壤中种子萌发是一个不可观察的事件，而出苗肉眼可见，实则胚根突破胚乳是最为关键的一个环节。与光照条件下的萌发相比，在土壤中萌发的种子的根更短、下胚轴更长，而最明显的区别是黑暗条件下萌发的种苗将形成一个特有的组织结构顶钩（apical hook），它的一个重要作用就是在种苗顶土时保护顶端分生组织。

种子活力至少反映 4 个方面的特征：①发芽期间的生理生化过程和反应。②发芽率和出苗率及其整齐度。③田间出苗和生长的整齐度与速度。④种子萌发及出苗后对逆境的抵抗能力，甚至持续到田间生长表现及最终产量。

六、活力测定方法的分类

种子活力测定方法的种类多达数十种，如电导率测定法、人工老化法、低温发芽等，归纳起来可分为直接法和间接法两大类。直接法是在实验室条件下模拟田间不良条件测定田间出苗率的方法，如低温发芽法是模拟早春播种期的低温条件；砖沙（砾）试验是模拟田间土壤板结或黏土地区的条件。间接法是在实验室内测定与田间出苗率相关的种子特性的方法，如测定某些生理生化指标、生理劣变处理后的发芽率。

七、活力测定的选用原则

种子活力是一个复杂的性状，而关于其评价方法也多种多样，但多数情况与萌发有关。与田间出苗相比，种子活力检验是在"恒定"的条件下完成的，而在自然界种子要经历一个更加复杂的生态环境，所以要依据主要限制因素来选择适宜的检验方法，如低温试验适合早春播种季节低温频繁的地区，不适合早春温暖地区；砖沙（砾）试验考察种苗破土能力，适用于雨后土壤板结或黏土地区，不适用于土壤较为疏松地区。

第二节　测定程序

一、活力指数法

不仅测得种子批的发芽数，还要量出幼苗的长短或称出幼苗的重量来比较种子健壮程度。简化活力指数的计算方法如下：

$$VI = G_P \times S$$

式中：VI——活力指数；

G_P——发芽试验终期的发芽率，单位为百分率（％）；

S——单株幼苗长度、干重或鲜重，单位为克。

二、人工老化法

在高温高湿（40 ℃，100％湿度）下储藏种子 6～7 天，取出种子，烘干后再进行发芽试验，计算发芽率或活力指数。可以比较不同处理（如毛子与光子）种子的活力强弱。

三、游离脂肪酸法

种子衰老是由于脂肪受热、受湿而逐步分解为脂肪酸，测定其含量可以了解种子活力情况。种子样品中游离脂肪酸的含量超过或达到种仁重量的 1％或榨出油的 3％时，则不能做种用。

四、低温发芽法

此法在美国与澳大利亚已广泛使用，我国河北辛集良棉轧花厂也已采用。就是将种子的发芽试验置于 18 ℃低温下进行，并设有标准，即发芽率不到 50％的种子就不予出售播种。这可保证厂家生产出合格种子，确保一播全苗。

五、甲醇老化法

将 100 粒种子浸入 100 毫升 50％甲醇溶液中，30 ℃下放置 2 小时，取出擦干，做常规发芽试验，与未用甲醇浸泡的种子进行比较。

六、电导率测定法

1. 原理 细胞膜的完整性与种子活力有关，高活力的种子细胞膜机能正常，可吸水膨胀，又可限制细胞内各种物质的外渗。反之，活力低的种子其内含物可较多地渗入水中，增加了水中离子浓度，使电导率增加。

2. 测定方法 取棉花种子 50 粒，3 次重复，放入加塞的三角瓶中，再加入无离子水或蒸馏水 100 毫升。振摇，使种子表面脏物溶入水中，测定初始电导率值为 A。然后，将三角瓶置于 30 ℃的恒温箱中，毛子保温 12 小时，光子保温 6 小时，取出振摇，待溶液静止后测得电导率 B。$B-A$ 即可反映种子内部的活力水平。研究表明，种子活力与电导率呈负相关，其相关系数 $r=-0.92$，说明种子浸出液的电导率越高，活力就越低。

第十三章　棉花种子健康测定

第一节　概　述

一、健康测定的定义

1. 种子健康状况　指种子是否携带有病原菌或有害动物（如线虫等）。

2. 种传病害　指病原体附着或寄生于种子外部或内部，借助种子传带的病害。棉花种传病害主要有枯萎病、黄萎病、炭疽病、茎腐病和茎枯病。其中，枯萎病和黄萎病列为我国植物检疫对象。

二、健康测定的目的

棉花种子健康测定的目的是测定棉花种子样品的健康状况，据此推测种子批是否携带有害病虫，为种子批利用价值和种子质量提供有关信息，并为签发种子证书和种子贸易及安全使用提供依据。

三、健康测定的重要性

棉花种子健康测定对保护正常种子贸易、生产安全，减轻病害传播、降低生产成本、提高棉花产量及纤维品质具有极其重要的意义。棉花种子健康测定的重要性有以下几点：

1. 种子携带的病原物可以引起田间病害，逐步蔓延，导致降低棉花产量和商品价值。

2. 种子的流通可以将病原物携带到其他新的地区。

3. 了解种子的种用价值，通过种子样品的健康测定，可推知种子批的健康状况，确定种子批是否需要进行处理以及处理后的效果。

4. 探明种子发芽率低或田间出苗不良的原因，弥补发芽试验的不足。

第二节　棉花枯萎病

一、分布及危害

棉花枯萎病是一种严重的传染性病害。最早于 1892 年在美国的阿拉巴马州发现，以后逐渐扩大，现在世界主要产棉国和地区均有发生。我国于 1934 年在江苏南通农学院农场首次发现。1935 年，从美国引进带病棉种后，致使病害大量扩散。目前，棉花枯萎病的发病面积已遍及全国棉区，辽宁、河北、河南、山东、山西、陕西、湖南、湖北、江苏、浙江、安徽、江西、四川、云南、宁夏、新疆、北京、天津和上海等省（自治区、直辖市）已呈日趋加重的态势，对棉花产量和品质造成的损失也日益加重，成为制约棉花生产可持续发展的重大障碍因素。

枯萎病严重的棉株于苗期或蕾铃期死亡，轻病株生育迟缓，结铃稀少，产量降低，品质变劣。重病田可导致严重缺苗断垄。它的危害性还在于病菌一旦进入棉田，开始虽然只出现零星病株，不易被重视，但病菌在土壤内逐年累积，形成"病土"并逐渐扩大发病范围和加重危害程度。

枯萎病于 1955 年列入我国植物检疫对象，1997 年不再作为检疫对象。

二、症状

棉花枯萎病在幼苗期就可表现症状，定苗前后至现蕾期为发病高峰，引起大量棉株萎蔫死亡。在夏季高温时病情停止发展，到秋季多雨时再度出现发病高峰。

1. 幼苗期　苗期表现为子叶或真叶的局部叶脉变黄，呈黄色网纹及大块变色枯焦斑，最后叶片脱落，严重时棉苗枯死。在气候变化时出现紫红斑或急性青枯型病苗。苗期枯萎病的症状有 3 种类型：

（1）黄色网纹型。开始大多发生在叶片边缘或半边，病斑处叶脉变黄，叶间仍为绿色，形成黄色网纹，随后病斑扩大，病斑内叶肉变成褐色，最后叶片枯死脱落。

（2）紫红或黄化型。子叶或真叶变紫或变黄，无网纹或网纹不明显，逐渐萎蔫死亡。

（3）急性青枯型。子叶或真叶突然失水，叶片萎蔫，色泽变暗，呈青枯色，猝倒死亡。

2. 现蕾期　现蕾期枯萎病的症状：在现蕾期前后，枯萎病症状除了具有苗期的症状外，还有深绿色皱纹型，叶片变厚及皱缩，根茎内部导管变色。病情严重的棉株，叶片萎蔫脱落，干枯死亡。

3. 成株期　常见的症状是矮缩型。病株的特点是：棉株节间缩短，株高较矮，半边枯死或顶端枯死。节上发出新生枝叶，表现为枝叶丛生状。叶片局部枯焦或半边枯焦，细脉变黄呈黄网状，最后干枯脱落。大多数病株由下部逐步向上发病，但秋季多雨时也有从顶端向下枯死现象。根茎内部维管束呈深褐色或墨绿色条纹状。

三、病原菌形态

病原菌形态主要有 3 种：大型分生孢子、小型分生孢子和厚垣孢子（图 13-1）。大型分生孢子呈镰刀形，无色，略弯曲，两端渐尖，2～5 个隔膜，多数为 3 隔，所以一般以 3 个隔膜的大孢子长度、宽度作为鉴定的标准。小型分生孢子呈椭圆形至纺锤形，无色，多数为单胞，少数有 1 个隔膜。厚垣孢子近球形，有厚膜，壁光滑或粗糙，单生或串生于菌丝中或类似梗状枝上，数量多。

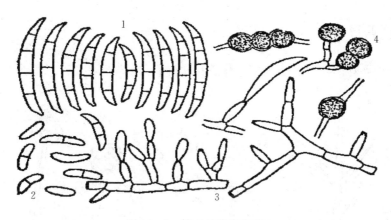

图 13-1 棉花枯萎病病菌

1. 大型分生孢子 2. 小型分生孢子 3. 产孢细胞 4. 厚垣孢子
注：引自颜启传，《种子健康测定原理和方法》。

第三节 棉花黄萎病

一、分布及危害

棉花黄萎病最早于 1914 年在美国发现，以后陆续在一些产棉国被发现。我国于 1935 年从美国购进棉籽时传入，随着棉种的调运传播扩散，病区逐步扩大，目前多数植棉省均有发生。黄萎病病菌能在棉花整个生长期间浸染，在自然条件下，黄萎病一般在播种后 30 天以后出现病株。黄萎病危害性很大，在发病严重年份，我国因枯萎病、黄萎病引起的皮棉损失约 20 万吨。

黄萎病于 1957 年列入我国植物检疫对象，至今持续检疫，其目的是控制病原菌通过种子进行传播。

二、症状

1. 幼苗期 自然条件下，黄萎病一般在 3～5 片真叶期开始发病。苗期黄萎病的症状是病叶边缘开始褪绿发软，呈失水状，叶脉间出现不规则淡黄色病斑，病斑逐渐扩大，变成褐色干枯，严重时叶片脱落、棉株枯死。

2. 成株期 在田间，黄萎病比枯萎病发病的时间要晚一些，一般在棉株现蕾前后开始发病，7～8 月开花结铃期为发病高峰。病株多从下部叶片先表现症状，然后逐步向上发展，病株的叶边缘和叶脉之间叶内部分出现淡黄色斑驳，形状不规则，以后逐渐扩大成明显的黄色斑驳，进而斑块变成褐色。发病严重时，除主脉和主脉附近仍为绿色外，其余部分均变成黄褐色，全叶呈掌状斑驳，俗称"西瓜皮"。病叶脱落成为光秆，或仅留顶叶 1～2 片。夏季暴雨过后，可出现急性萎蔫型，叶片突然下垂，叶色暗淡。病株茎秆及叶柄等维管束变成褐色，色泽比枯萎病浅。

三、病原菌形态

主要有黑白轮枝菌和大丽轮枝菌 2 种形态（图 13 - 2）。

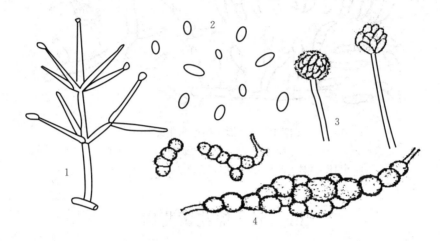

图 13 - 2　棉花黄萎病菌

1. 轮枝菌分生孢子梗及分生孢子　2. 分生孢子　3. 假头状着生的分生孢子　4. 小菌核和厚垣孢子

注：引自颜启传，《种子健康测定原理和方法》。

黑白轮枝菌菌落初无色，后其内圈变为黑色。有分隔，常膨胀、变褐、加粗，有时胞膜加厚，形成厚垣子状，有时膨胀的菌丝纠结成菌丝结。分生孢子单细胞有一个分隔、椭圆形、无色。在环境潮湿时，分生孢子常有水滴包围，在枝顶端成假头状着生。

大丽轮枝菌在培养基上可长出大量的黑色颗粒，为病菌的微核菌，这是和黑白轮枝菌的主要区别。微核菌由一条或数条菌丝进行分隔，膨大，胞壁增厚，并向各个方向发芽繁殖，不同菌株微核菌产生的数量、大小和形状各不相同。分生孢子无色，单细胞，长卵形。

第四节　棉花种子外部带菌检验

一、目的

检测棉花种子外部携带枯萎病病菌、黄萎病病菌的情况。

二、仪器设备

1. 振荡器。

2. 离心机，0～13 200 转/分钟。

3. 显微镜，0～400 倍。

4. 干球计数器、三角瓶、吸管、玻璃棒。

三、操作步骤

1. 分取样品两份，每份 5 克，分别倒入 100 毫升的三角瓶内，加无菌水 20 毫升，置振荡器上振荡 10 分钟。

2. 将洗涤液移入离心管内 10 毫升，在 1 000～1 500 离心 5 分钟，用吸管吸去上清液，留 1 毫升的沉淀部分。

3. 用干净的细玻璃棒悬浮液滴干球计数器上，用 400～500 倍的显微镜检查，每品种两次重复，每重复检查 50 个小格，计算每小格平均孢子数，据此可计算孢子负荷量，按下列公式计算：

$$N = n \times 4 \times 107 \times 2/5$$

式中：N——每克种子的孢子负荷量，单位为个；

n——平均每小格的孢子数，单位为个。

第五节　棉花种子内部带菌检验

一、目的

检测棉花种子内部携带枯萎病病菌、黄萎病病菌的情况。

二、仪器设备

1. 恒温箱，4～60 ℃，准确度±0.1 ℃。

2. 显微镜，放大倍数 0～400 倍。

3. 冰箱。

4. 烧杯、培养皿等。

三、操作步骤

1. 将经净度检验的种子取 400 粒，用 30～40 ℃温度浸泡 30 分钟，再经冷水浸泡 12～14 小时，捞出淋水后，放入 25 ℃的恒温箱中培养 24 小时。

2. 将已露白的种子，放入−4 ℃冰箱中冷冻 24 小时。

3. 将经过冰冻的种子浸入 70％的酒精中 2～3 秒以除去气泡，然后置于 0.1％的升汞中消毒 2～3 分钟，再用灭菌水冲洗 2～3 次。

4. 将经过冰冻的种子，在无菌条件下移放在分离黄萎病病菌的琼脂培养基（琼脂 20 克，水 1 000 毫升）和分离枯萎病病菌的马铃薯琼脂培养基（马铃薯 200 克、蔗糖 20 克、琼脂 20 克、水 1 000 毫升）平面上，每皿放 5 粒，置 22～25 ℃恒温箱中培养 10～15 天。

5. 用低倍镜检查棉籽周围菌丝生长情况，并用高倍镜检查孢子发生情况，确定检查对象，记载检查对象，记载统计两种病菌菌率。

6. 记载整理检查结果，填写检验单（表 13-1），按规定程序分送或保存检验结果。

表 13-1　有害生物样品鉴定报告

品种名称				样品名称	
棉花生育期		样品数量		取样部位	
样品来源		送检日期		送检人	
送检单位				联系电话	

检测鉴定方法：

检测鉴定结果：

备注：

鉴定人（签名）：

审核人（签名）：

第十四章　硫酸脱绒与包衣种子检验

第一节　短绒率测定

一、定义

短绒率即毛子表面附着的棉短绒的质量占毛子总质量的百分数。

二、测定短绒率的目的

脱绒的本质是硫酸对于短绒的作用。酸、水、发泡剂的用量必须根据毛子短绒率多少来决定，否则会影响整个加工脱绒质量。棉籽短绒率越高，加工越困难，短绒率在7%以上，每增加1个百分点，所用的泡沫酸浓度在常规浓度基础上相应增加一个百分点。测定短绒率的目的就是合理搭配酸液量，既达到完全脱绒的目的，又不让酸液渗入种子内部，从而能最有效地保证种子质量不受影响。

三、测定方法

测定采用浓硫酸脱绒法。从净种子中随机称取10克左右毛子，至少3次重复，分别置于小烧杯中加入1.5~2毫升的浓硫酸（比重1.84），并在电炉上边加热边搅拌，待种子乌黑油亮时即倒入过滤漏斗，用自来水迅速冲洗干净，用干布擦去种子表面水分，置入105℃鼓风烘箱20分钟，即可烘去种子表面上的水分，然后取出在室温下放置2小时，称出光子重量，求出几次重复的平均值。

$$短绒率（\%）=\frac{毛子重-光子重}{毛子重}\times100$$

第二节　残绒率测定

一、定义

光子表面残留的短绒质量占光子总质量的百分数即残绒率。

二、测定残绒率的目的

残绒对棉种质量有负面影响。残绒上面易携带"残酸"，种子残酸率＞0.15%，就会影响种子活力、发芽率和储藏。另外，在对棉种进行包衣处理时，残绒上面会吸附较多的包衣剂，不但影响种子上包衣剂的均匀度和降低播种品质，而且影响包衣牢固度，在包装、运输与使用包衣子的过程中危及人身安全。在生产实践中，残绒率以大于 0.5％为宜。

三、测定方法

1. 刮绒法 费工费时，重复性差。
2. 浓硫酸脱绒法 种皮碳化，结果偏高。
3. 浓盐酸熏蒸法 不易脱净，结果偏低。
4. 烧绒法 易烧焦种皮，丧失水分，结果偏高。

四、测定程序

根据残绒量的多少称取适当重量（一般 10 克左右，G_0）的脱绒子，用刀片将种子表皮残留的短绒刮去，再称刮绒后的光子重量（G_1），按下式计算残绒率。

$$短绒率（％）=\frac{G_0-G_1}{G_0}\times100$$

第三节　残绒指数

一、测定目的

棉种加工过程中要根据棉籽的短绒率和水分高低，结合种子的残绒指数来适当调整泡沫酸浓度，从而解决脱绒质量的问题。一般情况下要求残绒率不应大于 0.5％，相当于残绒指数≤27％。

二、测定程序

从净种子中随机数取 100 粒光子，四次重复，根据残绒的多少和分布情况分为五级（彩图 14-1）。
1. 零级 种子表面无残绒，计做 0。
2. 一级 种子一端附有较少残绒，计做 1。
3. 二级 种子两端附有较少残绒，计做 2。
4. 三级 种子两端附有较少残绒并连片，计做 3。
5. 四级 种子表面几乎全部或全部附有短绒，计做 4。
另外，下一级残绒较多者升一级。如：一端附有较多残绒者考虑升为二级，依次类推。

三、残绒率与残绒指数的关系

残绒率与残绒指数的关系见图 14-1。残绒率法费工费时，重复性差；残绒指数法方便快捷，容易掌握，重现性好。二者测定结果存在下述关系：$y = 0.0006x^2 + 0.0024x$（$r^2 = 0.9079$）。

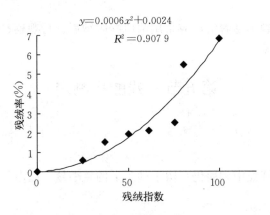

$$y = 0.0006x^2 + 0.0024$$
$$R^2 = 0.9079$$

图 14 - 1　残绒率与残绒指数的结果比较

四、结果计算

按下式计算：

$$残绒指数(\%) = \frac{零级粒数 \times 0 + 一级粒数 \times 1 + 二级粒数 \times 2 + 三级粒数 \times 3 + 四级粒数 \times 4}{4 \times 100} \times 100$$

第四节　破籽率测定

一、定义

1. 破籽　凡是种皮脱落、种皮表面有伤口、有裂缝的种子均为破籽。

2. 破籽率　破籽数占被检种子总数的百分率即为破籽率。

二、测定意义

破籽在加工过程中，不能被清选出去，受过损伤的种子，在加工过程中容易受到酸碱、温度及包衣剂损害而丧失活力，严重影响种子的发芽率。

三、测定程序

破籽率测定使用做过净度检测的种子，随机取 100 粒种子，4 次重复。从样品中挑出破籽并计数。按下式计算破籽率，结果取 4 次重复的平均值。计算公式如下：

$$破籽率(\%) = \frac{破籽粒数}{被检种子总粒数} \times 100$$

四、注意事项

毛子外被短绒，破裂不易看清，应采用浓硫酸脱绒后进行观察；包衣种子应先用水洗去包衣剂，晾干后进行检验。

第五节　残酸率测定

一、定义

残酸率是指硫酸脱绒经中和后仍存留于种子上的硫酸量，以占种子重的百分数计算。

二、意义

高酸和高碱对种子的损伤非常严重，尤其是对需要储藏的种子和机械损伤较高的种子，它能渗透到种子内部影响种子的发芽率和种子的安全储藏，过度的中和又会使种子表面含盐量过高，并影响包衣剂的效果。因此，必须严格控制酸碱的残留量，使其在标准之内，中和后残酸含量≤15%。

在加工过程中，正常运转时要定时取样检测中和前后的残酸，将结果及时反馈加工车间，指导加工。

三、测定方法

一般采用硼砂滴定法，也可采用酸度计测定 pH 的方法。

1. 硼砂测定法　硼砂（$Na_2B_4O_7 \cdot 10H_2O$）是由强碱弱酸组成的一种盐，可用来中和酸。以溴甲酚绿与甲基红的乙醇溶液作指示剂，它在酸性溶液中呈红色，碱性溶液中呈绿色，滴定的等当点较易掌握。

（1）溶液配置。用感量 0.001 克的天平准确称取 3.814 克硼砂，仔细倒入 1 000 毫升容量瓶中，加蒸馏水振摇或放置几小时后使其全部溶解，定容后再加以摇动，以保证溶液浓度均匀一致。此溶液的硼砂浓度为 0.01 摩尔/升。

（2）指示剂配置。称取溴甲酚绿 0.01 克、甲基红 0.02 克，置于同一小烧杯中，加入 40 毫升 95% 的乙醇，待充分溶解后倒入小滴瓶中备用（注意：称取甲基红时需挑选颗粒细的粉末或事先用研钵将其磨细，否则不易溶解）。

（3）样品测定。随机称取光子 5 克左右（50 粒），3 次重复，置于 250 毫升三角瓶内，加入 100 毫升蒸馏水，用力振摇后置入 30 ℃恒温箱内，浸提 1 小时后取出，再摇均匀，加入 3 滴指示剂，溶液呈红色，然后用上述配置好的硼砂液进行滴定，溶液颜色先由红变无色，再滴定至微绿色即达等当点（pH 为 5.5），记下滴定毫升数。按下式计算残酸率。

$$种子残酸率（\%）= \frac{0.098 \times 滴定毫升数}{种子重（克）}$$

（4）**快速方法**。可用 55～62℃的热蒸馏水浸提种子残酸，用手或振荡器振摇 2 分钟即进行滴定，可达到同样效果。

2. 酸度计测定 pH 法 样品制备方法：随机称取光子 5 克左右（50 粒），3 次重复，置于 250 毫升三角瓶内，加入 100 毫升蒸馏水，用力振摇后置入 30℃恒温箱内，浸提 1 小时后取出。

利用酸度计测得 pH，可以换算为残酸含量，但必须选用灵敏度 0.01 的酸度计，测定值对酸度计必须进行反复校正。如用热水浸提种子残酸，还需对温度偏差进行校正。酸度计的测定探头事先必须用蒸馏水浸泡洗净。样品最好有 5 次重复，计算时应除去前 2 次数值，因探头上原来呈现的 pH 会影响样品实际数值。样品制备与上法相同。计算公式如下：

$$种子残酸率（\%）= \frac{490}{10^{pH} \times 种子重（克）}$$

四、残酸率对田间出苗和室内发芽率的影响

从表 14-1 可以看出，田间出苗率随着残酸率的降低而升高，当残酸率降低到 0.16% 时，出苗率趋于稳定。从图 14-2 中可以看出，在残酸率低于 0.16% 之前，发芽率随残酸率的升高变化不大，当残酸率超过 0.16% 时，发芽率随残酸率的升高迅速降低。

表 14-1 残酸率对出苗率的影响

残酸率（%）	0.29	0.23	0.16	0.12	0.08	0.02
出苗率（土壤）（%）	53	72	87	87	82	87

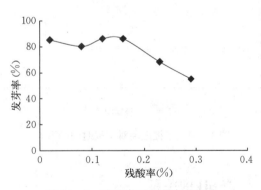

图 14-2 残酸率对发芽率的影响

五、硼砂滴定法与 pH 计法的关系

相关分析结果表明（图 14-3），当光子残酸率在 0.01%～0.65%，两种方法测定结果达极显著相关，呈线性相关。当残酸率小于 0.3% 时数据散点非常贴近直线，当残酸率大于 0.3% 时，数据散点离直线较远，但总趋势仍呈直线关系。两种测定方法均可用来测定残酸率。

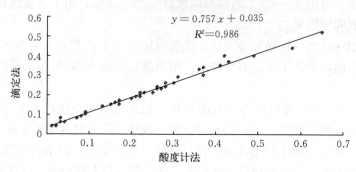

$$y = 0.757x + 0.035$$
$$R^2 = 0.986$$

图 14 - 3   两种方法测定结果回归曲线

六、浸提温度与浸提时间的关系

浸提温度越高，种子表面的残酸充分溶于水中所需时间越短，20 ℃下浸 20 分钟为最佳浸提时间，50 ℃下浸 2 分钟即可。浸提液温度与浸提过程相关（图 14 - 4）。当浸提温度在 50～55 ℃，最佳浸提时间基本保持在 2 分钟，即浸提温度升高到一定程度，浸提速度逐渐趋于恒定，这有利于快速、方便地测定溶液 pH，对浸提温度控制有 5 ℃的调整幅度，在实际生产中易于掌握。

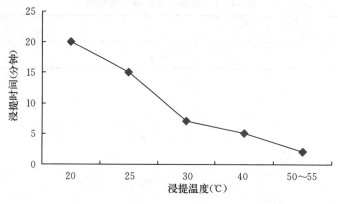

图 14 - 4   浸提温度对浸提时间的影响

七、浸提时间与浸提液 pH 的关系

在振荡 15 分钟之前，随振荡时间增长，浸提液 pH 不断减小，表现出种子表面残酸被逐渐浸提的过程。15 分钟之后，浸提液 pH 不断增大，同时随着振荡时间延长，浸提液变得浑浊且有大量泡沫产生，这主要表现出种子的吸胀过程，同时也是内容物渗出的过程。种子吸胀的同时伴随着种子内部生理生化过程的增强，溶液的 pH 会受到种子中其他物质外渗的干扰，也可能会因棉种内细胞在自身酸碱平衡的调节过程中对氢离子的吸附，而影响 pH 的测定。

研究表明脱绒棉籽在该实验中表现出：棉花表面残酸被完全浸提和棉籽内其他物质外渗

两个阶段（图 14-5），因而在残酸测定过程中，一定要严格掌握好浸提时间，不能过长，以免影响 pH 测定的准确性。

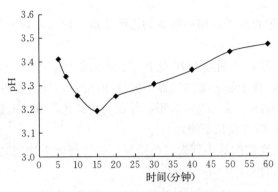

图 14-5　浸提时间与 pH 的关系

第六节　包衣种子质量检验

一、扦样

扦样时间须在包衣完成后 15 天进行。样品量可比无包衣种子适当减少，但不得少于 7 500 个种子单位。在扦样、处理及运输过程中，必须防止包衣材料脱落。

二、净度检验

将包衣种子放入细孔筛内浸入水里，将种子表面膜衣洗净，放在吸水纸上，置入 30 ℃ 恒温箱内干燥后，再按第五章的检验方法进行净度检验。

三、发芽率和健籽率检验

发芽试验时，包衣种子粒和粒之间至少保持与包衣种子同样大小的两倍距离，检验时间延长 48 小时。其他同发芽试验。

四、包衣合格率检验

从送验样品中随机取试样 3 份，每份 200 粒。用放大镜目测观察每粒种子，凡表面膜衣覆盖面积不小于 80% 者为合格包衣种子，数出合格包衣种子粒数，用下式计算包衣合格率。

$$H(\%) = \frac{h}{200} \times 100$$

式中：H——包衣合格率，单位为百分率（%）；

h——样品中合格包衣种子粒数，单位为粒。

五、包衣均匀度检验

分别将一定粒数的包衣种子，用一定量的乙醇萃取，测定萃取液的吸光度，计算出种衣剂包衣均匀度。

随机取包衣种子 20 粒，分别置于 10 毫升带盖离心管中，在每个离心管中用移液管准确加入 3 毫升乙醇，加盖，置于超声波清洗器中振荡 30 分钟，使种子外表的种衣剂充分溶解，静置并离心得到澄清的液体，以乙醇作对照，种衣剂为红色，在 550 纳米波长下测定吸光度 A（种衣剂为绿色在 650 纳米波长下测定）。

将测得的 20 个吸光度数据从小到大进行排列，并计算出平均吸光度值为 Aa，试样包衣均匀度 X（％），按下式计算：

$$X = \frac{n}{20} \times 100 = 5n$$

式中：n——测得吸光度 A 在 $0.5 \sim 1.5\,Aa$ 范围内包衣种子数，单位为粒；

20——测试包衣种子数。

六、种衣牢固度检验

从送验样品中取试样 3 份，每份 20～30 克，分别放在清洁、干燥的 125 毫升具塞广口瓶中，置于振荡器上（图 14-6），在 400 转/分钟、振荡幅度 40 毫米下振荡 1 小时，然后分离出包衣种子称重，按下式计算种衣牢固度：

$$Lg(\%) = \frac{G}{G_0} \times 100$$

式中：Lg——种衣牢固度；

G——振荡后包衣种子重量，单位为克；

G_0——样品重量，单位为克。

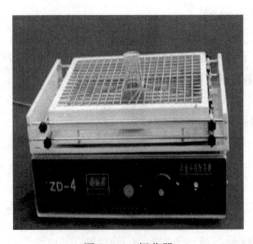

图 14-6　振荡器

第七节　棉种精加工中毛子、光子与包衣子的质量指标

一、毛子质量

毛子质量指标见表 14-2。

表 14-2　毛子质量指标

项目名称	单位	质量指标
净度	%	≥97.0
健粒率	%	>75
发芽率	%	≥70
破粒率	%	≤5
水分	%	≤12
短绒率	%	≤9

二、光子质量

光子质量指标见表 14-3。

表 14-3　光子质量指标

项目名称	单位	质量指标
残绒率	%	≤0.5
残酸率	%	<0.15
净度	%	≥99.0
发芽率	%	≥80
水分	%	<12.0
破粒率	%	<7

三、包衣子质量

包衣子质量指标见表 14-4。

表 14-4　包衣子质量指标

项目名称	单位	质量指标
发芽率	%	≥80
水分	%	≤12
破籽率	%	<7
包衣合格率	%	≥90
种衣牢固度	%	≥99.65

第十五章 转基因抗虫棉抗虫性鉴定

第一节 概 述

一、意义

棉花生育期适逢高温高湿季节，病虫害发生严重，20 世纪 90 年代棉铃虫连年暴发危害，给我国棉花生产带来了巨大威胁，棉花产量损失达 40%～60%，局部棉区损失达 80% 以上，甚至绝产，仅 1992 年一年即造成直接经济损失 60 多亿元，间接损失超过 100 亿元，对整个国民经济发展造成了很大影响，棉农谈"虫"色变。同时，由于棉铃虫的大暴发，防虫治虫农药的大量使用，既增加了棉花生产成本，造成了环境污染，也给棉花产品的质量安全带来了隐患。通过高新技术培育的转基因抗虫棉，因其省工节本，得到了棉农的认可，目前，转基因抗虫棉已在我国黄河流域棉区和长江流流域棉区广泛推广种植，在新疆棉区也有试种示范基点。据统计，2001 年我国转基因抗虫棉种植面积达 2 000 万亩*，约占我国棉田面积的 30%，之后种植面积迅猛增加；2015 年我国转基因抗虫棉种植 5 000 万亩，占我国棉田面积的 80% 以上。近几年内更是得到普及，尤其在河北、河南、山东、安徽等省份，几乎已见不到常规棉，抗虫棉成了当地棉花品种的主力军。

抗虫棉花是我国批准种植的两种（棉花和番木瓜）转基因作物之一，在我国的种植具有合法性。抗虫棉的大面积应用，不仅有效控制了棉铃虫的暴发危害，还大大减轻了棉铃虫对玉米、大豆等作物的危害，杀虫剂用量降低了 70%～80%，有效保护了农业生态环境，减少了农民喷药中毒事故的发生，为棉花生产和农业的可持续发展做出了巨大贡献。

二、定义

1. 转基因抗虫棉 利用现代分子生物学技术将从植物、微生物甚至是动物中分离出来的抗虫基因或人工合成的抗虫基因，利用植物基因工程技术导入到棉花体内而培育出的抗虫棉花品种。

2. 叶片黄化 非抗虫棉细胞叶绿体的合成因受卡那霉素干扰，而引起的叶片失绿而变黄色的现象。

三、原理

卡那霉素是转基因抗虫棉品种中最常用的一种筛选标记基因。卡那霉素能干扰一般植物

---

* "亩"为非法定计量单位，1 亩≈667 平方米。

细胞叶绿体及线粒体的蛋白质合成，引起植物绿色器官的黄化，最终导致植物细胞的死亡。而转基因植物携带有外源卡那霉素抗性基因，因此可以产生一种酶，这种酶可以使它们能在含有卡那霉素的环境中正常生长。

用卡那霉素溶液涂抹棉花叶片时，转基因抗虫棉携带有外源卡那霉素抗性基因，其细胞叶绿体的合成不受影响，呈现正常绿色。而非转基因抗虫棉细胞叶绿体的合成受卡那霉素干扰，引起叶片失绿而黄化，因此，通过叶片变色反应，很容易区分转基因抗虫棉与非抗虫棉。

四、试剂

1. 蒸馏水。
2. 卡那霉素（医用），每支 2 毫升，含卡那霉素 0.5 克。

五、仪器设备

1. 量筒，200 毫升。
2. 烧杯，500 毫升。
3. 容量瓶，500 毫升。
4. 毛笔、脱脂棉。

六、试剂配制

配制 4 000 毫克/升的卡那霉素溶液。

取 4 支（每支 2 毫升含卡那霉素 0.5 克）卡那霉素试剂倒入 500 毫升烧杯中，再用量筒量取 200 毫升蒸馏水倒入烧杯中，用玻璃棒慢慢搅动，使其混合均匀。将烧杯中的溶液沿玻璃棒转移到 500 毫升容量瓶中。用少量蒸馏水洗涤烧杯和玻璃棒 2～3 次，并将洗涤液也转移到容量瓶中，然后加水至刻度。盖好容量瓶瓶塞，反复颠倒、摇匀。将配制好的溶液倒入干净的瓶中，贴上标签备用。

第二节 田间鉴定程序

一、鉴定时间

若用于种子纯度鉴定，可在幼苗期第一片真叶平展时进行。若用于抗虫棉植株的筛选，可在棉花生长的任意时间进行。

二、涂抹时间

晴天，露水干后。

三、涂抹部位

顶端第一片平展真叶。

四、涂抹株数

原种 400 株，良种 80 株。如果条件允许，小区种植鉴定可设重复。

五、涂抹方法

方法一：将配制好的溶液倒入烧杯中，用毛笔蘸取卡那霉素溶液，将叶片涂抹均匀。

方法二：将配制好的溶液倒入塑料瓶中，用脱脂棉封住瓶口，一手拿瓶，一手托叶片，瓶口朝下，使脱脂棉轻轻接触叶片，将卡那霉素溶液涂抹均匀即可。

六、观察时间

若涂抹后有连续 3 天以上的晴天，第 4 天即可调查；若涂抹后晴天较少，变色较慢，但涂抹后 8～10 天就能观察到准确结果。

七、结果记载

调查时记载变色株数和总株数。

八、结果计算与表示

按下式计算：

$$抗虫棉株率（\%）=\frac{总株数-变色株数}{总株数}\times100$$

结果保留一位小数。

九、注意事项

1. 播种时行、株间要有足够的距离，最好点播。遮光和间苗都有可能影响结果的准确性。

2. 涂抹时真叶要刚刚展开，不能太大。

3. 若涂抹后遇雨，需重新涂抹。

4. 涂抹时用力不能过大，勿将叶片弄伤。

十、非抗虫棉变色图

涂抹卡那霉素后，抗虫的棉花叶片仍为绿色不变黄；不抗虫的棉花叶片变成黄色，非常容易鉴定（彩图 15 - 1）。

第十六章　棉籽中棉酚旋光体的测定

第一节　概　　述

一、意义

棉酚是棉族植物的特有物质，在棉花的生理代谢中具有重要意义。研究表明，棉酚对某些棉花病虫害有一定的拮抗作用，甚至认为棉酚是棉属进化的保护性状之一。20 世纪 90 年代初，我国科学家发现棉酚有抗男性生育的作用，并首创了男性避孕药"锦棉片"，曾用于临床；20 世纪 90 年代中期，吉林省黄泥河林业局将棉酚与玉米面掺在一起做成小饼，预防鼠害，使老鼠种群数量下降了 70%。中外医学学者的研究还发现，棉酚对肝癌、肺癌、胰腺癌、结肠癌、前列腺癌均有疗效。以美国洛克菲勒基金会为主的医学工作者曾试图用棉酚作为医治和防止艾滋病的药物。哥斯达黎加科学家 2003 年的研究报道认为，棉酚可以用来开发疟疾特效药。

棉酚的学名为 2，2-双［8-醛基-1，6，7-三羟基-5-异丙基-3-甲基—萘］，由于连接两个萘环的化学键不能自由旋转，因而具有旋光性。医学研究表明，左旋（—）棉酚的抗生育效力是消旋（±）棉酚的两倍，右旋（＋）棉酚不起作用；（—）棉酚抗肿瘤细胞的活性为（＋）棉酚的 10 倍（图 16-1、图 16-2）。

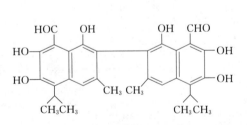

图 16-1　棉酚分子结构式

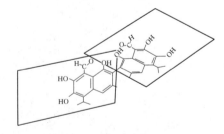

图 16-2　棉酚分子立体结构图

注：引自中国农业科学院棉花研究所，《中国棉花栽培学》。

二、原理

样品中的左旋（—）棉酚和右旋（＋）棉酚与 L-苯基丙胺醇充分反应后，分别生成（—）棉酚-L-苯基丙胺醇与（＋）棉酚-L-苯基丙胺醇。以甲醇/磷酸水溶液为流动相，两种棉酚衍生物在碳十八柱上有不同的保留时间，从而达到分离目的。在 254 纳米处检测，根据色谱峰的保留时间定性，以峰面积外标法定量。

三、试剂

1. 水，符合 GB/T 6682 二级用水的规定。
2. 甲醇，分析纯。
3. 磷酸，分析纯。
4. 三氯甲烷，分析纯。
5. 石油醚（沸程 30~60 ℃），分析纯。
6. L-苯基丙氨醇，分析纯。
7.（一）棉酚、（十）棉酚和消旋（±）棉酚标准品，纯度在 99.9% 以上。

四、仪器设备

1. 高效液相色谱仪，配备紫外检测器，自动数据处理仪。
2. 小型粉碎机。
3. 超声波清洗器。
4. 分析天平，精度 ±0.1 毫克。
5. 微量注射器，10 微升。
6. 容量瓶，25 毫升、100 毫升等。

第二节　样品制备

一、标准样品

用分析天平称取 10 毫克棉酚标样和约 20 毫克 L-苯基丙氨醇，用三氯甲烷溶解后定容于 100 毫升容量瓶中，振荡后室温下避光放置 2 小时以上。用时根据需要稀释至合适的浓度。进样前用 0.5 微米滤膜过滤。

二、棉籽样品

1. 样品净化和提取　将棉籽剥壳，棉仁粉碎，过 60 目筛。称取棉仁粉 0.1~2 克（根据棉酚含量多少决定），置具塞三角瓶中，加入 20 毫升石油醚，振荡后放置 2 小时。弃去上清液，加入 20 毫升三氯甲烷，用超声波处理 30 分钟，放置过夜。

2. 棉酚的衍生化反应　称取 0.025 克 L-苯基丙胺醇，用三氯甲烷溶液溶解并定容至 25 毫升容量瓶中。

将提取液过滤到 25 毫升容量瓶中，加入适量 L-苯基丙胺醇的三氯甲烷溶液（棉酚与 L-苯基丙胺醇的摩尔比在 1：5 左右），用三氯甲烷定容至刻度，混合均匀，室温下避光放置 2 小时以上。进样前用 0.5 微米滤膜过滤。

第三节　测定程序

一、确定色谱条件

1. **分离柱**　μBondapak C18（30 厘米×3.9 毫米）。
2. **柱温**　室温，约 25 ℃。
3. **流动相**　甲醇＋水＋磷酸＝85＋15＋0.1，使用前用 0.45 微米滤膜过滤并脱气。
4. **流速**　1 毫升/分钟。
5. **检测波长**　254 纳米。
6. **灵敏度**　0.1 AUFS。

二、标准样品进样

待系统走出平稳的基线，用微量注射器抽取 2～10 微升标准溶液进样，约 4 分钟时第一个峰即（一）棉酚-L-苯基丙胺醇的馏分峰值出现，约 6 分钟时第二个峰即（＋）棉酚-L-苯基丙胺醇的馏分峰值出现。标准样品 8 分钟可走完一个样品，色谱图如图 16-3 所示。

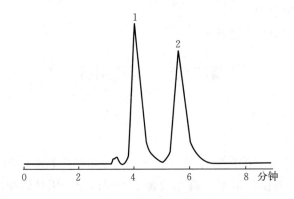

图 16-3　两种棉酚旋光体的 HPLC 图谱

注：峰 1 为（一）棉酚-L-苯基丙胺醇；峰 2 为（＋）棉酚-L-苯基丙胺醇。

三、棉籽样品进样

在平稳基线条件下，用微量注射器抽取 2～10 微升测试样品进样。因试验样品中成分复杂，待两个棉酚旋光体的峰出现后，仍需冲洗 3～5 分钟时间。每个样品需 10～12 分钟，直到系统走出平稳的基线，方能下一次进样。

四、结果计算

根据下式分别计算试样中（一）棉酚和（＋）棉酚的含量。

$$X_{(-)G} = \frac{A_1 \times m_{(-)G} \times V}{A_{1S} \times m \times V_1} \ldots \tag{1}$$

$$X_{(+)G} = \frac{A_2 \times m_{(+)G} \times V}{A_{2S} \times m \times V_1} \ldots \tag{2}$$

式中：

$X_{(-)G}$——试样中左旋棉酚的含量，单位为毫克每千克；

$X_{(+)G}$——试样中右旋棉酚的含量，单位为毫克每千克；

A_1——试样溶液进样中左旋棉酚的峰面积；

A_2——试样溶液进样中右旋棉酚的峰面积；

A_{1S}——标准溶液进样中左旋棉酚的峰面积；

A_{2S}——标准溶液进样中右旋棉酚的峰面积；

$m_{(-)G}$——左旋棉酚标准品的进样质量，单位为纳克；

$m_{(+)G}$——右旋棉酚标准品的进样质量，单位为纳克；

m——试样的质量，单位为克；

V——试样溶液总体积，单位为毫升；

V_1——试样的进样体积，单位为微升。

第十七章　棉花品种真实性鉴定 SSR 分子标记法

第一节　概　述

一、目的意义

种子真实性的判定实质就是对品种身份的确定，鉴定待测样品与该品种的标准样品是否一致。种子真实性和品种纯度鉴定是保证良种优良遗传性状得到充分发挥的前提，是促进作物生产持续稳产、高产的有效措施，也是防止良种混杂退化，提高种子质量和产品品质的必要手段。准确鉴定种子真实性和品种纯度对种子质量分级、品种审定、假种辨别、产权纠纷起着重要作用。随着棉花产业的持续发展，新品种审定速度快、数量多，品种的推广没有严格分区种植，种子的调运频繁，使得品种多、乱、杂的现象尤为突出。近年来，我国棉花品种"套牌""冒牌"现象严重，品种质量较差，严重影响棉花生产安全和健康发展。因此，做好棉花种子真实性鉴定和品种纯度检测在棉花生产中具有重要作用。

据统计，2000—2009 年我国通过国家审定及省级审定的棉花品种数量达 700 多个。截至 2016 年 12 月，已申请植物新品种保护的棉花品种达 675 个。然而，由于骨干亲本的集中使用与转基因技术在棉花育种中的大规模应用，棉花育成品种间的遗传差异越来越小，使得完全依赖形态性状进行品种鉴别越来越困难。同时由于形态鉴定的时效性差，容易受到环境与主观因素的影响，品种维权难度大，侵权行为时有发生，假冒伪劣种子给生产带来的损失得不到及时的扼制，严重损害了育种家权益和农民利益。以分子标记为基础的 DNA 指纹技术具有准确可靠、简单快速、易于自动化的优点，通过构建 DNA 指纹图谱可以快速进行品种鉴定。

二、定义

1. SSR 分子标记　是指由几个核苷酸（一般为 2～6 个）为重复单元的多达几十至几百次的串联重复，由于基本单元重复次数的不同，进而形成 SSR 座位的多态性；根据 SSR 座位两侧保守的单拷贝序列设计一对特异引物来扩增 SSR 序列，即可揭示其多态性。

2. 核心引物　是指在染色体上均匀选取的多态性高，稳定性及重复性等综合特性好，可作为统一用于品种 DNA 指纹数据采集的品种鉴定的引物，以保证不同实验室间的数据具有可比性。

3. 标准样品　经权威机构认定认证的代表已知品种特征特性的样品，对于有性繁殖作物而言，一般为种子。

4. 带型　某核心引物扩增特定单株 DNA 得到的条带类型。

三、SSR 分子标记的优点

DNA 指纹鉴定技术的发展经历了 3 个重要的阶段：20 世纪 90 年代的第一代标记技术如 RFLP（限制性片段长度多态性）和 RAPD（随机扩增多态性），21 世纪初兴起的第二代标记技术 SSR（简单重复序列），近几年启动研究的 SNP（单核苷酸多态）。由于 SSR 和 SNP 均为共显性，反映的是具体片段或序列信息的标记，被国际植物新品种保护联盟（UPOV）生物技术（BMT）分子测试指南推荐为品种鉴定的优选标记。SSR 与其他标记相比，因其具有多态性高、呈共显性等优点，是迄今应用时间最长、使用最广泛的标记类型。SSR 标记技术适于品种鉴定的优点：①多态性丰富，分辨能力强，每个位点最多可含十多个等位基因。②重复性高，针对每个位点设计特异性引物，扩增均为特异性目的片段扩增。③研究基础较强，有大量已知染色体位置的共享位点。④为共显性标记，能准确区分不同等位变异。⑤为中性变异标记。⑥数据形式为具体片段长度，能够实现数据标准化。⑦技术非常成熟，检测方法简便易行。⑧SSR 技术易推广应用，缺乏昂贵仪器设备的情况下，也能开展 SSR 检测工作。⑨单个样品检测成本低。

四、原理

根据 SSR 序列两端保守的单拷贝序列设计特异引物，利用 PCR 技术扩增和电泳分析，获得样品各单株的 SSR 电泳带型。将受检样品与标准样品就单株间的带型逐一进行差异比较和判读分析，进行棉花品种真实性鉴定。

第二节　试剂配制与仪器设备

一、试剂及配制

除非另有说明，所有试剂均为分析纯，水为一级水。

1. β-巯基乙醇。

2. 异丙醇。

3. 剥离硅烷。

4. 四甲基乙二胺（TEMED）。

5. *Taq* DNA 聚合酶。

6. PCR 反应缓冲液。

7. 25 毫摩尔/升氯化镁溶液（$MgCl_2$）。

8. 1 摩尔/升三羟甲基氨基甲烷-盐酸溶液（Tris - HCL）　称取 121.1 克三羟甲基氨基甲烷（Tris）溶解于 800 毫升水中，用盐酸（HCL）调 pH 至 8.0，加水定容至 1 000 毫升。在 103.4 千帕（121 ℃）条件下灭菌 20 分钟，4 ℃储存。

9. 10 摩尔/升氢氧化钠溶液（NaOH）　在 160 毫升水中加入 80.0 克氢氧化钠，溶解后，冷却至室温，再加水定容到 200 毫升。

10.0.5 摩尔/升乙二铵四乙酸二钠溶液（EDTA-Na$_2$）（pH 8.0）　称取 187.6 克乙二铵四乙酸二钠（EDTA-Na$_2$）加入 800 毫升水中，再加入适量氢氧化钠溶液，加热至完全溶解后，冷却至室温，用氢氧化钠溶液调 pH 至 8.0，加水定容到 1 000 毫升。在 103.4 千帕（121 ℃）条件下灭菌 20 分钟，4 ℃储存。

11. DNA 抽提液　分别称取 69.3 克葡萄糖 20.0 克聚乙烯吡咯烷酮（PVP），1.0 克二乙基二硫代氨基甲酸（DIECA）溶于 500 毫升水中，然后分别加入 100 毫升 1 摩尔/升的 Tris-HCL 溶液、10 毫升 0.5 摩尔/升的 EDTA-Na$_2$ 溶液（pH 8.0），定容到 1 000 毫升。在 103.4 千帕（121 ℃）条件下灭菌 20 分钟，4 ℃储存。

12. DNA 裂解液　分别称取 81.7 克氯化钠（NaCl），20.0 克聚乙烯吡咯烷酮（PVP），20.0 克十六烷基三甲基溴化铵（CTAB），1.0 克二乙基二硫代氨基甲酸（DIECA）溶于 500 毫升水中，然后分别加入 100 毫升 1 摩尔/升的 Tris-HCl 溶液，4 毫升 0.5 摩尔/升的 EDTA-Na$_2$ 溶液（pH 8.0），定容到 1 000 毫升。在 103.4 千帕（121 ℃）条件下灭菌 20 分钟，4 ℃储存。

13. 苯酚＋氯仿＋异戊醇混合液　体积比为 25∶24∶1。

14. 氯仿＋异戊醇混合液　体积比为 24∶1。

15.70% 乙醇　量取 70 毫升无水乙醇，加水定容到 100 毫升。

16. SSR 引物工作液　将引物配制成终浓度均为 10 微摩尔/升的上、下游引物工作液。

17. dNTPs 混合溶液　浓度为 2.5 毫摩尔/升的 dNTPs 混合溶液。

18.5×三羟甲基氯基甲烷/硼酸电泳缓冲液（5×TBE）　分别称取 50.0 克 Tris，27.5 克硼酸溶于 500 毫升水中，加入 10 毫升 0.5 摩尔/升的 EDTA-Na$_2$ 溶液（pH 8.0），定容到 1 000 毫升，4 ℃储存。

19. 加样缓冲液　在 98 毫升去离子甲酰胺中加入 250 毫克溴酚蓝、250 毫克二甲苯氰、2 毫升 0.5 摩尔/升的 EDTA-Na$_2$ 溶液（pH 8.0），溶解混匀，常温保存。

20. 亲和硅烷工作液　1 毫升无水乙醇中加入 5 微升亲和硅烷原液，混匀。

21.6% 变性聚丙烯酰胺溶液　称取 57.0 克丙烯酰胺，3.0 克甲叉双丙烯酰胺，420.0 克尿素溶于 200 毫升水中，加入 200 毫升 5×TBE，室温充分溶解后，定容到 1 000 毫升，4 ℃储存。

注：丙烯酰胺具神经毒性，配制时应注意防护。

22.10% 过硫酸铵溶液　称取 10.0 克过硫酸铵溶于 100 毫升水中，4 ℃储存。

23.1% 硫代硫酸钠　称取 1.0 克硫代硫酸铵，溶于 100 毫升水中，室温储存。

24. 固定液　在 89.5 毫升水中加入 10 毫升无水乙醇，0.5 毫升冰醋酸，根据胶板数量调整固定液的量，现用现配。

25. 染色液　在 100 毫升水中加入 0.2 克硝酸银（AgNO$_3$），根据胶板数量调整染色液的量，现用现配。

26. 显影液　在 100 毫升水中加入 1.5 克氢氧化钾和 0.4 毫升甲醛（37%），根据胶板数量调整显影液的量，现用现配。

二、仪器和设备

1. PCR 扩增仪。

2. 电子天平 感量 0.1 克和 0.1 毫克。

3. 台式高速冷冻离心机 最大离心力≥10 000 克。

4. 电泳检测系统 垂直电泳系统。

5. 酸度计 精度±0.01 pH。

6. 单道微量移液器 2.5 微升、10 微升、20 微升、100 微升、200 微升、1 000 微升。

7. 多道微量移液器 8 道或 12 道，10 微升、100 微升。

8. 冰箱 4 ℃、－20 ℃。

9. 高压灭菌锅。

10. 恒温水浴锅 温控精确度±1 ℃。

11. 脱色摇床。

12. 胶片观察灯。

第三节 操作程序

一、试样的制备

受检样品和标准样品可为棉花的种子、幼苗、幼嫩叶片等。样品纯度应符合 GB 4407.1 的规定，种子扦样按本书第四章的规定执行，种子发芽试验按本书第七章的规定执行。

以受检样品所标注品种的标准样品作为对照，同时检测受检样品和标准样品。

二、DNA 提取

分别从受检样品和标准样品中随机抽取 12 粒种子或单株，利用 CTAB 法分单株（或单粒种子）提取基因组 DNA。

1. 取单粒种子，剥壳并将种仁磨碎，移入 2.0 毫升离心管；或取棉花幼嫩叶片 200～300 毫克，置于 2.0 毫升离心管中，加液氮充分研磨。

2. 加入 1 毫升 4 ℃预冷的 DNA 抽提液和 2 微升 β-巯基乙醇，充分混匀，4 ℃静置 5 分钟，12 000 转/分钟离心 10 分钟，弃上清。

3. 加入 1 毫升 65 ℃预热的 DNA 裂解液和 2 微升 β-巯基乙醇，充分混匀，65 ℃水浴 30 分钟，12 000 转/分钟离心 10 分钟。

4. 将上清液转移至新离心管中，并加入等体积的苯酚＋氯仿＋异戊醇混合液，充分混匀，12 000 转/分钟，室温离心 10 分钟。

5. 将上清液再次转移至新离心管中，并加入等体积的氯仿＋异戊醇混合液，充分混匀，12 000 转/分钟，室温离心 10 分钟。

6. 吸取上清液至新离心管，并加入等体积的异丙醇，混匀，－20 ℃放置 30 分钟以上，充分沉淀 DNA。

7. 5 000 转/分钟，4 ℃离心 5 分钟，弃上清，沉淀经 70%乙醇洗涤后，室温晾干。

8. 加入 100 微升水，将 DNA 充分溶解后备用。

三、PCR 扩增

利用 39 对 SSR 核心引物（表 17-1）逐一对受检样品和标准样品各单株 DNA 进行扩增。

表 17-1　核心引物名称、片段大小范围、引物序列和染色体定位

名　称	片段大小范围（bp）	F-上游引物 R-下游引物	染色体定位
MUSS422	200～300	F-TGGTTTTGCCCATCTTTACG R-GAAAGGGAAGATGAGGAGGG	C1、C15
NAU2277	100～180	F-GAACTAGCCACATGATGCAC R-TTGTTGAGGCATTAGTTTGC	C2
MGHES40	200～300	F-CGCGTTCCCAACTTATTTGT R-GGTGCTCCCGGATTAGATTT	C3
MUCS101	120～200	F-AGCCTCTCTCTCCTTCAGGC R-GAGTCATATCGCTTGGGAGC	C4
NAU1269	120～200	F-TACCTGAAACCCAAAATGGT R-ACGCTGTTATAGGGCTCATC	C5、C19
NAU905	140～300	F-TGGCTGAACTTTGCAATTTA R-AAGCAAGGGAGGTAATCCTT	C6、C25
NAU1048	200～300	F-GGCCATATTATTGCAGAACC R-ACAGCCTTGAGTTGAGCTTT	C7
DPL0220	120～160	F-GTTGGCCTAAGCCTATAATGATGA R-AACAAGGTTCATAACTTCTGGTGG	C8
DPL0431	180～300	F-CTATCACCCTTCTCTAGTTGCGTT R-ATCGGGCTCACAAACATCA	C9
BNL2449	140～180	F-ATCTTTCAAACAACGGCAGC R-CGATTCCGGACTCTTGATGT	C10、C13
JESPR42	120～160	F-CGTTGCCGTCTTCGACTCCTT R-GTGGGTGGCTAATATGTAGTAGTCG	C11、C5、C9
BNL598	100～140	F-TATCTCCTTCACGATTCCATCAT R-AAAAGAAAACAGGGTCAAAAGAA	C12
TMB0312	160～300	F-AGCTTTTCCATTCCAGAGCA R-GGTTGTTGCAAGAGTTCACG	C13
JESPR156	80～100	F-GCCTTCAATCAATTCATACG R-GAAGGAGAAAGCAACGAATTAG	C14、C2
CIR105	80～120	F-GTCTCTTGTCTTTCTTTCTTAC R-AACCAAACTGAACCCA	C15
NAU5120	160～180	F-GCCACCAATAAAGCAACTCT R-TGCATCCTGAAGAAGAGACA	C16

（续）

名　称	片段大小范围（bp）	F-上游引物 R-下游引物	染色体定位
DPL0354	100～160	F-TAGTGGTGGTTAAGAAGAAGGTGG R-CCGCTTCAGTCTTTGCTTTAACTA	C17
DPL0249	120～200	F-ACAGAGCTATGGGAAATCATGGTA R-TGTACTGCAAATTGCTGCTAAGAC	C18
NAU2274	100～120	F-TCCTCGGATTATCAAAACCT R-TGAAGAGGACATTGATGACG	C19、C5
CM45	140～180	F-GATGCCAGTAAGTTCAGGAATG R-GCCAACTTATATTCGGTTCCT	C20
JESPR1558	100～140	F-CACCATTCGGCAGCTATTTC R-CTGCAAACCCTAGCCTAGACG	C21
BNL4030	100～140	F-CCTCCCTCACTTAAGGTGCA R-ATGTTGTAAGGGTGCAAGGC	C22、C25
JESPR114	80～100	F-GATTTAAGGTCTTTGATCCG R-CAAGGGTTAGTAGGTGTGTATAC	C23
NAU1322	160～200	F-CTCCAATCGAATGATTTTT R-GGTAGGGTTTTTGGAGGTTTT	C24
NAU2026	180～300	F-GAATCTCGAAAACCCCATCT R-ATTTTGGAAGCGAAGTACCAG	C25、C12、C22
JESPR65	120～180	F-CCACCCATTTAAGAAGAAATTG R-GGTTAGTTGTATTAGGGTCGTTG	C26、C5、C7
NAU895	180～300	F-CATGATGCACACTTCACACA R-CGGTTAAGCTTCCAGACATT	C2
CIR328	180～300	F-ATCCCTATGCTTGTCATC R-ATTACCATTCATTCACCAC	C5
JESPR197	60～100	F-CAATACCTGGAACATAGACAAATG R-CTTGAGGCTTGCAAAAAATG	C5
BNL1694	200～300	F-CGTTTGTTTTCGTGTAACAGG R-TGGTGGATTCACATCCAAAG	C7、C16
JESPR274	100～180	F-GCCCACTCTTTCTTCAACAC R-TGATGTCATGTGCCTTGC	C9、C23
NAU5064	180～300	F-TGTTTCCGACACACACCTAC R-TCTTGGGAGAGAACGAGAAC	C11
JESPR153	100～160	F-GATTACCTTCATAGGCCACTG R-GAAAACATGAGCATCCTGTG	C13、C18
NAU1070	140～180	F-CCCTCCATAACCAAAAGTTG R-ACCAACAATGGTGACCTCTT	C3、C14

（续）

名　称	片段大小范围（bp）	F-上游引物 R-下游引物	染色体定位
CIR246	140～200	F-TTAGGGTTTAGTTGAATGG R-ATGAACACACGCACG	C14
BNL830	100～120	F-TTCCGGGTTTTCAATAAACG R-GTTAATACTTTTTTTCTTTTGTGTGTG	C15
BNL243	100～120	F-GGGTTTTCTGGGTATTTATACAACA R-TCATCCACTTCAGCAGCATC	C18
NAU1102	200～300	F-ATCTCTCTGTCTCCCCCTTC R-GCATATCTGGCGGGTATAAT	C19
DPL0071	160～300	F-GCAAACACCATCCTACCACAA R-GGTTCTATGATCAAGGCTTGGTTT	C19

1. PCR 扩增反应体系　在 PCR 反应管中按表 17-2 依次加入反应试剂，混匀。

表 17-2　PCR 扩增反应体系

试　剂	终　浓　度	体　积
水		—*
10×Buffer	1×	2.0 微升
25 毫摩尔/升 $MgCl_2$ 溶液	2.5 毫摩尔/升	2.0 微升
dNTPs 混合溶液（各 2.5 毫摩尔/升）	各 0.25 毫摩尔/升	2.0 微升
10 微摩尔/升上游引物	0.2 微摩尔/升	0.4 微升
10 微摩尔/升下游引物	0.2 微摩尔/升	0.4 微升
Taq DNA 聚合酶	1.0 单位	—*
DNA 模板		2.0 微升
总体积		20.0 微升

注：" * "表示体积不确定。如果 PCR 缓冲液中含有 $MgCl_2$，则不加 $MgCl_2$ 溶液，根据 *Taq* 酶的浓度确定其体积，并相应调整水的体积，使反应体系总体积达到 20.0 微升。

2. PCR 扩增反应程序　反应程序为：95 ℃变性 3 分钟；94 ℃变性 50 秒，55 ℃退火 45 秒，72 ℃延伸 50 秒，共进行 35 次循环；再 72 ℃延伸 7 分钟，4 ℃保存。

四、PCR 产物的电泳检测

PCR 产物采用 6‰变性聚丙烯酰胺凝胶电泳检测。

1. 电泳样品准备　在 PCR 产物中加入等体积加样缓冲液，充分混匀后在 95 ℃变性 5 分钟，4 ℃冷却 10 分钟以上。

2. 凝胶制备

（1）玻璃板处理。取清洗干净的长短玻璃板，用去离子水冲洗干净后晾干，用无水乙醇分别擦洗两遍，晾干；在长板上涂亲和硅烷工作液，短板（带凹槽）涂剥离硅烷工作液。操作过程中防止两块玻璃板互相污染。

（2）玻璃板组装。待玻璃板彻底干燥后使用 0.4 毫米均匀厚度的垫片组装凝胶胶膜夹层，注意垫片与玻璃板的边、底压紧对齐。

（3）灌胶。在 60 毫升 6‰变性丙烯酰胺溶液中加入 40 微升 TEMED 和 400 微升 10‰的过硫酸铵溶液，混匀后立即灌胶。待胶充满整个凝胶夹层后，轻轻的插入梳子，梳齿朝外，使其聚合至少 1 小时。灌胶过程中防止出现气泡。

3. 预电泳　待胶凝固后，将玻璃板安装到电泳槽上，在正极槽和负极槽中分别加入 0.5×TBE 缓冲液，使凝胶夹层能浸泡在缓冲液中，拔出梳子。80 瓦恒功率预电泳 10~20 分钟。

4. 电泳　用移液器吹吸加样槽，清除气泡和杂质，将梳齿朝内插入梳子形成加样孔。每孔加样 5 微升，80 瓦恒功率电泳至指示带（二甲苯氰）到达胶板的中部，电泳结束，关闭电源。

5. 卸胶　取下玻璃板，将两块玻璃板轻轻撬开，凝胶会紧贴在长板上，及时做记号以区别胶板。

6. 银染

（1）固定。将胶板浸入固定液，置于摇床上摇动固定 5 分钟。

（2）染色。将胶板移入染色液，摇动染色 5 分钟。

（3）漂洗。将胶板移入 ddH$_2$O 中摇动 45 秒，弃去 ddH$_2$O；再加入含 0.02‰体积 1‰硫代硫酸钠的 ddH$_2$O 摇动 1 分钟。

（4）显影。将胶板移入显影液摇动至显出清晰的条带。

（5）记录。用数码相机照相或在胶片观察灯上直接记录结果（固定、染色、漂洗、显影时溶液的量可根据胶板数量调整，以没过胶面为佳）。

五、差异位点比较与判读

根据核心引物在受检样品和标准样品间所扩增带型的差异，比较受检样品和标准样品在每个位点的异同。

（1）某核心引物在受检样品和标准样品间扩增出的条带类型完全一致，表现为无差异带型，记为相同位点。

（2）某核心引物在受检样品和标准样品间扩增出的条带类型不完全一致，当表现异类带型的单株数≤2 时，该差异带型为偶然差异带型，记为疑似相同位点。

（3）某核心引物在受检样品和标准样品间扩增出的条带类型不完全一致，当表现异类带型的单株数＞2 时，该差异带型为异带型，记为差异位点。

六、结果判定

按"五"中的方法分别统计受检样品和标准样品在 39 对 SSR 核心引物上表现出的相同位点数、疑似相同位点数和差异位点数，当差异位点数＞2 时，判定为不同品种；当差异位点数≤2 时，判定为近似或极近似品种。

附　　录

附录 1　中华人民共和国种子法

（2015 年 11 月 4 日第十二届全国人民代表大会常务委员会第十七次会议第三次修订）

第一章　总　　则

第一条　为了保护和合理利用种质资源，规范品种选育、种子生产经营和管理行为，保护植物新品种权，维护种子生产经营者、使用者的合法权益，提高种子质量，推动种子产业化，发展现代种业，保障国家粮食安全，促进农业和林业的发展，制定本法。

第二条　在中华人民共和国境内从事品种选育、种子生产经营和管理等活动，适用本法。

本法所称种子，是指农作物和林木的种植材料或者繁殖材料，包括籽粒、果实、根、茎、苗、芽、叶、花等。

第三条　国务院农业、林业主管部门分别主管全国农作物种子和林木种子工作；县级以上地方人民政府农业、林业主管部门分别主管本行政区域内农作物种子和林木种子工作。

各级人民政府及其有关部门应当采取措施，加强种子执法和监督，依法惩处侵害农民权益的种子违法行为。

第四条　国家扶持种质资源保护工作和选育、生产、更新、推广使用良种，鼓励品种选育和种子生产经营相结合，奖励在种质资源保护工作和良种选育、推广等工作中成绩显著的单位和个人。

第五条　省级以上人民政府应当根据科教兴农方针和农业、林业发展的需要制定种业发展规划并组织实施。

第六条　省级以上人民政府建立种子储备制度，主要用于发生灾害时的生产需要及余缺调剂，保障农业和林业生产安全。对储备的种子应当定期检验和更新。种子储备的具体办法由国务院规定。

第七条　转基因植物品种的选育、试验、审定和推广应当进行安全性评价，并采取严格的安全控制措施。国务院农业、林业主管部门应当加强跟踪监管并及时公告有关转基因植物品种审定和推广的信息。具体办法由国务院规定。

第二章　种质资源保护

第八条　国家依法保护种质资源，任何单位和个人不得侵占和破坏种质资源。

禁止采集或者采伐国家重点保护的天然种质资源。因科研等特殊情况需要采集或者采伐的，应当经国务院或者省、自治区、直辖市人民政府的农业、林业主管部门批准。

第九条　国家有计划地普查、收集、整理、鉴定、登记、保存、交流和利用种质资源，定期公布可供利用的种质资源目录。具体办法由国务院农业、林业主管部门规定。

第十条　国务院农业、林业主管部门应当建立种质资源库、种质资源保护区或者种质资源保护地。省、自治区、直辖市人民政府农业、林业主管部门可以根据需要建立种质资源库、种质资源保护区、种质资源保护地。种质资源库、种质资源保护区、种质资源保护地的种质资源属公共资源，依法开放利用。

占用种质资源库、种质资源保护区或者种质资源保护地的，需经原设立机关同意。

第十一条　国家对种质资源享有主权，任何单位和个人向境外提供种质资源，或者与境外机构、个人开展合作研究利用种质资源的，应当向省、自治区、直辖市人民政府农业、林业主管部门提出申请，并提交国家共享惠益的方案；受理申请的农业、林业主管部门经审核，报国务院农业、林业主管部门批准。

从境外引进种质资源的，依照国务院农业、林业主管部门的有关规定办理。

第三章　品种选育、审定与登记

第十二条　国家支持科研院所及高等院校重点开展育种的基础性、前沿性和应用技术研究，以及常规作物、主要造林树种育种和无性繁殖材料选育等公益性研究。

国家鼓励种子企业充分利用公益性研究成果，培育具有自主知识产权的优良品种；鼓励种子企业与科研院所及高等院校构建技术研发平台，建立以市场为导向、资本为纽带、利益共享、风险共担的产学研相结合的种业技术创新体系。

国家加强种业科技创新能力建设，促进种业科技成果转化，维护种业科技人员的合法权益。

第十三条　由财政资金支持形成的育种发明专利权和植物新品种权，除涉及国家安全、国家利益和重大社会公共利益的外，授权项目承担者依法取得。

由财政资金支持为主形成的育种成果的转让、许可等应当依法公开进行，禁止私自交易。

第十四条　单位和个人因林业主管部门为选育林木良种建立测定林、试验林、优树收集区、基因库等而减少经济收入的，批准建立的林业主管部门应当按照国家有关规定给予经济补偿。

第十五条　国家对主要农作物和主要林木实行品种审定制度。主要农作物品种和主要林木品种在推广前应当通过国家级或者省级审定。由省、自治区、直辖市人民政府林业主管部门确定的主要林木品种实行省级审定。

申请审定的品种应当符合特异性、一致性、稳定性要求。

主要农作物品种和主要林木品种的审定办法由国务院农业、林业主管部门规定。审定办法应当体现公正、公开、科学、效率的原则，有利于产量、品质、抗性等的提高与协调，有利于适应市场和生活消费需要的品种的推广。在制定、修改审定办法时，应当充分听取育种者、种子使用者、生产经营者和相关行业代表意见。

第十六条　国务院和省、自治区、直辖市人民政府的农业、林业主管部门分别设立由专业人员组成的农作物品种和林木品种审定委员会。品种审定委员会承担主要农作物品种和主要林木品种的审定工作，建立包括申请文件、品种审定试验数据、种子样品、审定意见和审定结论等内容的审定档案，保证可追溯。在审定通过的品种依法公布的相关信息中应当包括审定意见情况，接受监督。

品种审定实行回避制度。品种审定委员会委员、工作人员及相关测试、试验人员应当忠于职守，公正廉洁。对单位和个人举报或者监督检查发现的上述人员的违法行为，省级以上人民政府农业、林业主管部门和有关机关应当及时依法处理。

第十七条 实行选育生产经营相结合，符合国务院农业、林业主管部门规定条件的种子企业，对其自主研发的主要农作物品种、主要林木品种可以按照审定办法自行完成试验，达到审定标准的，品种审定委员会应当颁发审定证书。种子企业对试验数据的真实性负责，保证可追溯，接受省级以上人民政府农业、林业主管部门和社会的监督。

第十八条 审定未通过的农作物品种和林木品种，申请人有异议的，可以向原审定委员会或者国家级审定委员会申请复审。

第十九条 通过国家级审定的农作物品种和林木良种由国务院农业、林业主管部门公告，可以在全国适宜的生态区域推广。通过省级审定的农作物品种和林木良种由省、自治区、直辖市人民政府农业、林业主管部门公告，可以在本行政区域内适宜的生态区域推广；其他省、自治区、直辖市属于同一适宜生态区的地域引种农作物品种、林木良种的，引种者应当将引种的品种和区域报所在省、自治区、直辖市人民政府农业、林业主管部门备案。

引种本地区没有自然分布的林木品种，应当按照国家引种标准通过试验。

第二十条 省、自治区、直辖市人民政府农业、林业主管部门应当完善品种选育、审定工作的区域协作机制，促进优良品种的选育和推广。

第二十一条 审定通过的农作物品种和林木良种出现不可克服的严重缺陷等情形不宜继续推广、销售的，经原审定委员会审核确认后，撤销审定，由原公告部门发布公告，停止推广、销售。

第二十二条 国家对部分非主要农作物实行品种登记制度。列入非主要农作物登记目录的品种在推广前应当登记。

实行品种登记的农作物范围应当严格控制，并根据保护生物多样性、保证消费安全和用种安全的原则确定。登记目录由国务院农业主管部门制定和调整。

申请者申请品种登记应当向省、自治区、直辖市人民政府农业主管部门提交申请文件和种子样品，并对其真实性负责，保证可追溯，接受监督检查。申请文件包括品种的种类、名称、来源、特性、育种过程以及特异性、一致性、稳定性测试报告等。

省、自治区、直辖市人民政府农业主管部门自受理品种登记申请之日起二十个工作日内，对申请者提交的申请文件进行书面审查，符合要求的，报国务院农业主管部门予以登记公告。

对已登记品种存在申请文件、种子样品不实的，由国务院农业主管部门撤销该品种登记，并将该申请者的违法信息记入社会诚信档案，向社会公布；给种子使用者和其他种子生产经营者造成损失的，依法承担赔偿责任。

对已登记品种出现不可克服的严重缺陷等情形的，由国务院农业主管部门撤销登记，并发布公告，停止推广。

非主要农作物品种登记办法由国务院农业主管部门规定。

第二十三条 应当审定的农作物品种未经审定的，不得发布广告、推广、销售。

应当审定的林木品种未经审定通过的，不得作为良种推广、销售，但生产确需使用的，应当经林木品种审定委员会认定。

应当登记的农作物品种未经登记的，不得发布广告、推广，不得以登记品种的名义销售。

第二十四条　在中国境内没有经常居所或者营业场所的境外机构、个人在境内申请品种审定或者登记的，应当委托具有法人资格的境内种子企业代理。

第四章　新品种保护

第二十五条　国家实行植物新品种保护制度。对国家植物品种保护名录内经过人工选育或者发现的野生植物加以改良，具备新颖性、特异性、一致性、稳定性和适当命名的植物品种，由国务院农业、林业主管部门授予植物新品种权，保护植物新品种权所有人的合法权益。植物新品种权的内容和归属、授予条件、申请和受理、审查与批准，以及期限、终止和无效等依照本法、有关法律和行政法规规定执行。

国家鼓励和支持种业科技创新、植物新品种培育及成果转化。取得植物新品种权的品种得到推广应用的，育种者依法获得相应的经济利益。

第二十六条　一个植物新品种只能授予一项植物新品种权。两个以上的申请人分别就同一个品种申请植物新品种权的，植物新品种权授予最先申请的人；同时申请的，植物新品种权授予最先完成该品种育种的人。

对违反法律，危害社会公共利益、生态环境的植物新品种，不授予植物新品种权。

第二十七条　授予植物新品种权的植物新品种名称，应当与相同或者相近的植物属或者种中已知品种的名称相区别。该名称经授权后即为该植物新品种的通用名称。

下列名称不得用于授权品种的命名：

（一）仅以数字表示的；

（二）违反社会公德的；

（三）对植物新品种的特征、特性或者育种者身份等容易引起误解的。

同一植物品种在申请新品种保护、品种审定、品种登记、推广、销售时只能使用同一个名称。生产推广、销售的种子应当与申请植物新品种保护、品种审定、品种登记时提供的样品相符。

第二十八条　完成育种的单位或者个人对其授权品种，享有排他的独占权。任何单位或者个人未经植物新品种权所有人许可，不得生产、繁殖或者销售该授权品种的繁殖材料，不得为商业目的将该授权品种的繁殖材料重复使用于生产另一品种的繁殖材料；但是本法、有关法律、行政法规另有规定的除外。

第二十九条　在下列情况下使用授权品种的，可以不经植物新品种权所有人许可，不向其支付使用费，但不得侵犯植物新品种权所有人依照本法、有关法律、行政法规享有的其他权利：

（一）利用授权品种进行育种及其他科研活动；

（二）农民自繁自用授权品种的繁殖材料。

第三十条　为了国家利益或者社会公共利益，国务院农业、林业主管部门可以作出实施植物新品种权强制许可的决定，并予以登记和公告。

取得实施强制许可的单位或者个人不享有独占的实施权，并且无权允许他人实施。

第五章　种子生产经营

第三十一条　从事种子进出口业务的种子生产经营许可证，由省、自治区、直辖市人民政府农业、林业主管部门审核，国务院农业、林业主管部门核发。

从事主要农作物杂交种子及其亲本种子、林木良种种子的生产经营以及实行选育生产经营相结合，符合国务院农业、林业主管部门规定条件的种子企业的种子生产经营许可证，由生产经营者所在地县级人民政府农业、林业主管部门审核，省、自治区、直辖市人民政府农业、林业主管部门核发。

前两款规定以外的其他种子的生产经营许可证，由生产经营者所在地县级以上地方人民政府农业、林业主管部门核发。

只从事非主要农作物种子和非主要林木种子生产的，不需要办理种子生产经营许可证。

第三十二条　申请取得种子生产经营许可证的，应当具有与种子生产经营相适应的生产经营设施、设备及专业技术人员，以及法规和国务院农业、林业主管部门规定的其他条件。

从事种子生产的，还应当同时具有繁殖种子的隔离和培育条件，具有无检疫性有害生物的种子生产地点或者县级以上人民政府林业主管部门确定的采种林。

申请领取具有植物新品种权的种子生产经营许可证的，应当征得植物新品种权所有人的书面同意。

第三十三条　种子生产经营许可证应当载明生产经营者名称、地址、法定代表人、生产种子的品种、地点和种子经营的范围、有效期限、有效区域等事项。

前款事项发生变更的，应当自变更之日起三十日内，向原核发许可证机关申请变更登记。

除本法另有规定外，禁止任何单位和个人无种子生产经营许可证或者违反种子生产经营许可证的规定生产、经营种子。禁止伪造、变造、买卖、租借种子生产经营许可证。

第三十四条　种子生产应当执行种子生产技术规程和种子检验、检疫规程。

第三十五条　在林木种子生产基地内采集种子的，由种子生产基地的经营者组织进行，采集种子应当按照国家有关标准进行。

禁止抢采掠青、损坏母树，禁止在劣质林内、劣质母树上采集种子。

第三十六条　种子生产经营者应当建立和保存包括种子来源、产地、数量、质量、销售去向、销售日期和有关责任人员等内容的生产经营档案，保证可追溯。种子生产经营档案的具体载明事项，种子生产经营档案及种子样品的保存期限由国务院农业、林业主管部门规定。

第三十七条　农民个人自繁自用的常规种子有剩余的，可以在当地集贸市场上出售、串换，不需要办理种子生产经营许可证。

第三十八条　种子生产经营许可证的有效区域由发证机关在其管辖范围内确定。种子生产经营者在种子生产经营许可证载明的有效区域设立分支机构的，专门经营不再分装的包装种子的，或者受具有种子生产经营许可证的种子生产经营者以书面委托生产、代销其种子的，不需要办理种子生产经营许可证，但应当向当地农业、林业主管部门备案。

实行选育生产经营相结合，符合国务院农业、林业主管部门规定条件的种子企业的生产经营许可证的有效区域为全国。

第三十九条　未经省、自治区、直辖市人民政府林业主管部门批准，不得收购珍贵树木种子和本级人民政府规定限制收购的林木种子。

第四十条　销售的种子应当加工、分级、包装。但是不能加工、包装的除外。

大包装或者进口种子可以分装；实行分装的，应当标注分装单位，并对种子质量负责。

第四十一条　销售的种子应当符合国家或者行业标准，附有标签和使用说明。标签和使用说明标注的内容应当与销售的种子相符。种子生产经营者对标注内容的真实性和种子质量负责。

标签应当标注种子类别、品种名称、品种审定或者登记编号、品种适宜种植区域及季节、生产经营者及注册地、质量指标、检疫证明编号、种子生产经营许可证编号和信息代码，以及国务院农业、林业主管部门规定的其他事项。

销售授权品种种子的，应当标注品种权号。

销售进口种子的，应当附有进口审批文号和中文标签。

销售转基因植物品种种子的，必须用明显的文字标注，并应当提示使用时的安全控制措施。

种子生产经营者应当遵守有关法律、法规的规定，诚实守信，向种子使用者提供种子生产者信息、种子的主要性状、主要栽培措施、适应性等使用条件的说明、风险提示与有关咨询服务，不得作虚假或者引人误解的宣传。

任何单位和个人不得非法干预种子生产经营者的生产经营自主权。

第四十二条　种子广告的内容应当符合本法和有关广告的法律、法规的规定，主要性状描述等应当与审定、登记公告一致。

第四十三条　运输或者邮寄种子应当依照有关法律、行政法规的规定进行检疫。

第四十四条　种子使用者有权按照自己的意愿购买种子，任何单位和个人不得非法干预。

第四十五条　国家对推广使用林木良种造林给予扶持。国家投资或者国家投资为主的造林项目和国有林业单位造林，应当根据林业主管部门制定的计划使用林木良种。

第四十六条　种子使用者因种子质量问题或者因种子的标签和使用说明标注的内容不真实，遭受损失的，种子使用者可以向出售种子的经营者要求赔偿，也可以向种子生产者或者其他经营者要求赔偿。赔偿额包括购种价款、可得利益损失和其他损失。属于种子生产者或者其他经营者责任的，出售种子的经营者赔偿后，有权向种子生产者或者其他经营者追偿；属于出售种子的经营者责任的，种子生产者或者其他经营者赔偿后，有权向出售种子的经营者追偿。

第六章　种子监督管理

第四十七条　农业、林业主管部门应当加强对种子质量的监督检查。种子质量管理办法、行业标准和检验方法，由国务院农业、林业主管部门制定。

农业、林业主管部门可以采用国家规定的快速检测方法对生产经营的种子品种进行检测，检测结果可以作为行政处罚依据。被检查人对检测结果有异议的，可以申请复检，复检不得采用同一检测方法。因检测结果错误给当事人造成损失的，依法承担赔偿责任。

第四十八条　农业、林业主管部门可以委托种子质量检验机构对种子质量进行检验。

承担种子质量检验的机构应当具备相应的检测条件、能力，并经省级以上人民政府有关主管部门考核合格。

种子质量检验机构应当配备种子检验员。种子检验员应当具有中专以上有关专业学历，具备相应的种子检验技术能力和水平。

第四十九条 禁止生产经营假、劣种子。农业、林业主管部门和有关部门依法打击生产经营假、劣种子的违法行为，保护农民合法权益，维护公平竞争的市场秩序。

下列种子为假种子：

（一）以非种子冒充种子或者以此种品种种子冒充其他品种种子的；

（二）种子种类、品种与标签标注的内容不符或者没有标签的。

下列种子为劣种子：

（一）质量低于国家规定标准的；

（二）质量低于标签标注指标的；

（三）带有国家规定的检疫性有害生物的。

第五十条 农业、林业主管部门是种子行政执法机关。种子执法人员依法执行公务时应当出示行政执法证件。农业、林业主管部门依法履行种子监督检查职责时，有权采取下列措施：

（一）进入生产经营场所进行现场检查；

（二）对种子进行取样测试、试验或者检验；

（三）查阅、复制有关合同、票据、账簿、生产经营档案及其他有关资料；

（四）查封、扣押有证据证明违法生产经营的种子，以及用于违法生产经营的工具、设备及运输工具等；

（五）查封违法从事种子生产经营活动的场所。

农业、林业主管部门依照本法规定行使职权，当事人应当协助、配合，不得拒绝、阻挠。

农业、林业主管部门所属的综合执法机构或者受其委托的种子管理机构，可以开展种子执法相关工作。

第五十一条 种子生产经营者依法自愿成立种子行业协会，加强行业自律管理，维护成员合法权益，为成员和行业发展提供信息交流、技术培训、信用建设、市场营销和咨询等服务。

第五十二条 种子生产经营者可自愿向具有资质的认证机构申请种子质量认证。经认证合格的，可以在包装上使用认证标识。

第五十三条 由于不可抗力原因，为生产需要必须使用低于国家或者地方规定标准的农作物种子的，应当经用种地县级以上地方人民政府批准；林木种子应当经用种地省、自治区、直辖市人民政府批准。

第五十四条 从事品种选育和种子生产经营以及管理的单位和个人应当遵守有关植物检疫法律、行政法规的规定，防止植物危险性病、虫、杂草及其他有害生物的传播和蔓延。

禁止任何单位和个人在种子生产基地从事检疫性有害生物接种试验。

第五十五条 省级以上人民政府农业、林业主管部门应当在统一的政府信息发布平台上发布品种审定、品种登记、新品种保护、种子生产经营许可、监督管理等信息。

国务院农业、林业主管部门建立植物品种标准样品库，为种子监督管理提供依据。

第五十六条　农业、林业主管部门及其工作人员，不得参与和从事种子生产经营活动。

第七章　种子进出口和对外合作

第五十七条　进口种子和出口种子必须实施检疫，防止植物危险性病、虫、杂草及其他有害生物传入境内和传出境外，具体检疫工作按照有关植物进出境检疫法律、行政法规的规定执行。

第五十八条　从事种子进出口业务的，除具备种子生产经营许可证外，还应当依照国家有关规定取得种子进出口许可。

从境外引进农作物、林木种子的审定权限，农作物、林木种子的进口审批办法，引进转基因植物品种的管理办法，由国务院规定。

第五十九条　进口种子的质量，应当达到国家标准或者行业标准。没有国家标准或者行业标准的，可以按照合同约定的标准执行。

第六十条　为境外制种进口种子的，可以不受本法第五十八条第一款的限制，但应当具有对外制种合同，进口的种子只能用于制种，其产品不得在境内销售。

从境外引进农作物或者林木试验用种，应当隔离栽培，收获物也不得作为种子销售。

第六十一条　禁止进出口假、劣种子以及属于国家规定不得进出口的种子。

第六十二条　国家建立种业国家安全审查机制。境外机构、个人投资、并购境内种子企业，或者与境内科研院所、种子企业开展技术合作，从事品种研发、种子生产经营的审批管理依照有关法律、行政法规的规定执行。

第八章　扶持措施

第六十三条　国家加大对种业发展的支持。对品种选育、生产、示范推广、种质资源保护、种子储备以及制种大县给予扶持。

国家鼓励推广使用高效、安全制种采种技术和先进适用的制种采种机械，将先进适用的制种采种机械纳入农机具购置补贴范围。

国家积极引导社会资金投资种业。

第六十四条　国家加强种业公益性基础设施建设。

对优势种子繁育基地内的耕地，划入基本农田保护区，实行永久保护。优势种子繁育基地由国务院农业主管部门商所在省、自治区、直辖市人民政府确定。

第六十五条　对从事农作物和林木品种选育、生产的种子企业，按照国家有关规定给予扶持。

第六十六条　国家鼓励和引导金融机构为种子生产经营和收储提供信贷支持。

第六十七条　国家支持保险机构开展种子生产保险。省级以上人民政府可以采取保险费补贴等措施，支持发展种业生产保险。

第六十八条　国家鼓励科研院所及高等院校与种子企业开展育种科技人员交流，支持本单位的科技人员到种子企业从事育种成果转化活动；鼓励育种科研人才创新创业。

第六十九条　国务院农业、林业主管部门和异地繁育种子所在地的省、自治区、直辖市人民政府应当加强对异地繁育种子工作的管理和协调，交通运输部门应当优先保证种子的运输。

第九章 法律责任

第七十条 农业、林业主管部门不依法作出行政许可决定，发现违法行为或者接到对违法行为的举报不予查处，或者有其他未依照本法规定履行职责的行为的，由本级人民政府或者上级人民政府有关部门责令改正，对负有责任的主管人员和其他直接责任人员依法给予处分。

违反本法第五十六条规定，农业、林业主管部门工作人员从事种子生产经营活动的，依法给予处分。

第七十一条 违反本法第十六条规定，品种审定委员会委员和工作人员不依法履行职责，弄虚作假、徇私舞弊的，依法给予处分；自处分决定作出之日起五年内不得从事品种审定工作。

第七十二条 品种测试、试验和种子质量检验机构伪造测试、试验、检验数据或者出具虚假证明的，由县级以上人民政府农业、林业主管部门责令改正，对单位处五万元以上十万元以下罚款，对直接负责的主管人员和其他直接责任人员处一万元以上五万元以下罚款；有违法所得的，并处没收违法所得；给种子使用者和其他种子生产经营者造成损失的，与种子生产经营者承担连带责任；情节严重的，由省级以上人民政府有关主管部门取消种子质量检验资格。

第七十三条 违反本法第二十八条规定，有侵犯植物新品种权行为的，由当事人协商解决，不愿协商或者协商不成的，植物新品种权所有人或者利害关系人可以请求县级以上人民政府农业、林业主管部门进行处理，也可以直接向人民法院提起诉讼。

县级以上人民政府农业、林业主管部门，根据当事人自愿的原则，对侵犯植物新品种权所造成的损害赔偿可以进行调解。调解达成协议的，当事人应当履行；当事人不履行协议或者调解未达成协议的，植物新品种权所有人或者利害关系人可以依法向人民法院提起诉讼。

侵犯植物新品种权的赔偿数额按照权利人因被侵权所受到的实际损失确定；实际损失难以确定的，可以按照侵权人因侵权所获得的利益确定。权利人的损失或者侵权人获得的利益难以确定的，可以参照该植物新品种权许可使用费的倍数合理确定。赔偿数额应当包括权利人为制止侵权行为所支付的合理开支。侵犯植物新品种权，情节严重的，可以在按照上述方法确定数额的一倍以上三倍以下确定赔偿数额。

权利人的损失、侵权人获得的利益和植物新品种权许可使用费均难以确定的，人民法院可以根据植物新品种权的类型、侵权行为的性质和情节等因素，确定给予三百万元以下的赔偿。

县级以上人民政府农业、林业主管部门处理侵犯植物新品种权案件时，为了维护社会公共利益，责令侵权人停止侵权行为，没收违法所得和种子；货值金额不足五万元的，并处一万元以上二十五万元以下罚款；货值金额五万元以上的，并处货值金额五倍以上十倍以下罚款。

假冒授权品种的，由县级以上人民政府农业、林业主管部门责令停止假冒行为，没收违法所得和种子；货值金额不足五万元的，并处一万元以上二十五万元以下罚款；货值金额五万元以上的，并处货值金额五倍以上十倍以下罚款。

第七十四条 当事人就植物新品种的申请权和植物新品种权的权属发生争议的，可以向人民法院提起诉讼。

第七十五条　违反本法第四十九条规定，生产经营假种子的，由县级以上人民政府农业、林业主管部门责令停止生产经营，没收违法所得和种子，吊销种子生产经营许可证；违法生产经营的货值金额不足一万元的，并处一万元以上十万元以下罚款；货值金额一万元以上的，并处货值金额十倍以上二十倍以下罚款。

因生产经营假种子犯罪被判处有期徒刑以上刑罚的，种子企业或者其他单位的法定代表人、直接负责的主管人员自刑罚执行完毕之日起五年内不得担任种子企业的法定代表人、高级管理人员。

第七十六条　违反本法第四十九条规定，生产经营劣种子的，由县级以上人民政府农业、林业主管部门责令停止生产经营，没收违法所得和种子；违法生产经营的货值金额不足一万元的，并处五千元以上五万元以下罚款；货值金额一万元以上的，并处货值金额五倍以上十倍以下罚款；情节严重的，吊销种子生产经营许可证。

因生产经营劣种子犯罪被判处有期徒刑以上刑罚的，种子企业或者其他单位的法定代表人、直接负责的主管人员自刑罚执行完毕之日起五年内不得担任种子企业的法定代表人、高级管理人员。

第七十七条　违反本法第三十二条、第三十三条规定，有下列行为之一的，由县级以上人民政府农业、林业主管部门责令改正，没收违法所得和种子；违法生产经营的货值金额不足一万元的，并处三千元以上三万元以下罚款；货值金额一万元以上的，并处货值金额三倍以上五倍以下罚款；可以吊销种子生产经营许可证：

（一）未取得种子生产经营许可证生产经营种子的；

（二）以欺骗、贿赂等不正当手段取得种子生产经营许可证的；

（三）未按照种子生产经营许可证的规定生产经营种子的；

（四）伪造、变造、买卖、租借种子生产经营许可证的。

被吊销种子生产经营许可证的单位，其法定代表人、直接负责的主管人员自处罚决定作出之日起五年内不得担任种子企业的法定代表人、高级管理人员。

第七十八条　违反本法第二十一条、第二十二条、第二十三条规定，有下列行为之一的，由县级以上人民政府农业、林业主管部门责令停止违法行为，没收违法所得和种子，并处二万元以上二十万元以下罚款：

（一）对应当审定未经审定的农作物品种进行推广、销售的；

（二）作为良种推广、销售应当审定未经审定的林木品种的；

（三）推广、销售应当停止推广、销售的农作物品种或者林木良种的；

（四）对应当登记未经登记的农作物品种进行推广，或者以登记品种的名义进行销售的；

（五）对已撤销登记的农作物品种进行推广，或者以登记品种的名义进行销售的。

违反本法第二十三条、第四十二条规定，对应当审定未经审定或者应当登记未经登记的农作物品种发布广告，或者广告中有关品种的主要性状描述的内容与审定、登记公告不一致的，依照《中华人民共和国广告法》的有关规定追究法律责任。

第七十九条　违反本法第五十八条、第六十条、第六十一条规定，有下列行为之一的，由县级以上人民政府农业、林业主管部门责令改正，没收违法所得和种子；违法生产经营的货值金额不足一万元的，并处三千元以上三万元以下罚款；货值金额一万元以上的，并处货值金额三倍以上五倍以下罚款；情节严重的，吊销种子生产经营许可证：

（一）未经许可进出口种子的；

（二）为境外制种的种子在境内销售的；

（三）从境外引进农作物或者林木种子进行引种试验的收获物作为种子在境内销售的；

（四）进出口假、劣种子或者属于国家规定不得进出口的种子的。

第八十条 违反本法第三十六条、第三十八条、第四十条、第四十一条规定，有下列行为之一的，由县级以上人民政府农业、林业主管部门责令改正，处二千元以上二万元以下罚款：

（一）销售的种子应当包装而没有包装的；

（二）销售的种子没有使用说明或者标签内容不符合规定的；

（三）涂改标签的；

（四）未按规定建立、保存种子生产经营档案的；

（五）种子生产经营者在异地设立分支机构、专门经营不再分装的包装种子或者受委托生产、代销种子，未按规定备案的。

第八十一条 违反本法第八条规定，侵占、破坏种质资源，私自采集或者采伐国家重点保护的天然种质资源的，由县级以上人民政府农业、林业主管部门责令停止违法行为，没收种质资源和违法所得，并处五千元以上五万元以下罚款；造成损失的，依法承担赔偿责任。

第八十二条 违反本法第十一条规定，向境外提供或者从境外引进种质资源，或者与境外机构、个人开展合作研究利用种质资源的，由国务院或者省、自治区、直辖市人民政府的农业、林业主管部门没收种质资源和违法所得，并处二万元以上二十万元以下罚款。

未取得农业、林业主管部门的批准文件携带、运输种质资源出境的，海关应当将该种质资源扣留，并移送省、自治区、直辖市人民政府农业、林业主管部门处理。

第八十三条 违反本法第三十五条规定，抢采掠青、损坏母树或者在劣质林内、劣质母树上采种的，由县级以上人民政府林业主管部门责令停止采种行为，没收所采种子，并处所采种子货值金额二倍以上五倍以下罚款。

第八十四条 违反本法第三十九条规定，收购珍贵树木种子或者限制收购的林木种子的，由县级以上人民政府林业主管部门没收所收购的种子，并处收购种子货值金额二倍以上五倍以下罚款。

第八十五条 违反本法第十七条规定，种子企业有造假行为的，由省级以上人民政府农业、林业主管部门处一百万元以上五百万元以下罚款；不得再依照本法第十七条的规定申请品种审定；给种子使用者和其他种子生产经营者造成损失的，依法承担赔偿责任。

第八十六条 违反本法第四十五条规定，未根据林业主管部门制定的计划使用林木良种的，由同级人民政府林业主管部门责令限期改正；逾期未改正的，处三千元以上三万元以下罚款。

第八十七条 违反本法第五十四条规定，在种子生产基地进行检疫性有害生物接种试验的，由县级以上人民政府农业、林业主管部门责令停止试验，处五千元以上五万元以下罚款。

第八十八条 违反本法第五十条规定，拒绝、阻挠农业、林业主管部门依法实施监督检查的，处二千元以上五万元以下罚款，可以责令停产停业整顿；构成违反治安管理行为的，由公安机关依法给予治安管理处罚。

第八十九条　违反本法第十三条规定，私自交易育种成果，给本单位造成经济损失的，依法承担赔偿责任。

第九十条　违反本法第四十四条规定，强迫种子使用者违背自己的意愿购买、使用种子，给使用者造成损失的，应当承担赔偿责任。

第九十一条　违反本法规定，构成犯罪的，依法追究刑事责任。

第十章　附　　则

第九十二条　本法下列用语的含义是：

（一）种质资源是指选育植物新品种的基础材料，包括各种植物的栽培种、野生种的繁殖材料以及利用上述繁殖材料人工创造的各种植物的遗传材料。

（二）品种是指经过人工选育或者发现并经过改良，形态特征和生物学特性一致，遗传性状相对稳定的植物群体。

（三）主要农作物是指稻、小麦、玉米、棉花、大豆。

（四）主要林木由国务院林业主管部门确定并公布；省、自治区、直辖市人民政府林业主管部门可以在国务院林业主管部门确定的主要林木之外确定其他八种以下的主要林木。

（五）林木良种是指通过审定的主要林木品种，在一定的区域内，其产量、适应性、抗性等方面明显优于当前主栽材料的繁殖材料和种植材料。

（六）新颖性是指申请植物新品种权的品种在申请日前，经申请权人自行或者同意销售、推广其种子，在中国境内未超过一年；在境外，木本或者藤本植物未超过六年，其他植物未超过四年。

本法施行后新列入国家植物品种保护名录的植物的属或者种，从名录公布之日起一年内提出植物新品种权申请的，在境内销售、推广该品种种子未超过四年的，具备新颖性。

除销售、推广行为丧失新颖性外，下列情形视为已丧失新颖性：

1. 品种经省、自治区、直辖市人民政府农业、林业主管部门依据播种面积确认已经形成事实扩散的；

2. 农作物品种已审定或者登记两年以上未申请植物新品种权的。

（七）特异性是指一个植物品种有一个以上性状明显区别于已知品种。

（八）一致性是指一个植物品种的特性除可预期的自然变异外，群体内个体间相关的特征或者特性表现一致。

（九）稳定性是指一个植物品种经过反复繁殖后或者在特定繁殖周期结束时，其主要性状保持不变。

（十）已知品种是指已受理申请或者已通过品种审定、品种登记、新品种保护，或者已经销售、推广的植物品种。

（十一）标签是指印制、粘贴、固定或者附着在种子、种子包装物表面的特定图案及文字说明。

第九十三条　草种、烟草种、中药材种、食用菌菌种的种质资源管理和选育、生产经营、管理等活动，参照本法执行。

第九十四条　本法自 2016 年 1 月 1 日起施行。

附录 2　中华人民共和国标准化法

(1988 年 12 月 29 日第七届全国人民代表大会常务委员会第五次会议通过)

第一章　总　　则

第一条　为了发展社会主义商品经济，促进技术进步，改进产品质量，提高社会经济效益，维护国家和人民的利益，使标准化工作适应社会主义现代化建设和发展对外经济关系的需要，制定本法。

第二条　对下列需要统一的技术要求，应当制定标准：

（一）工业产品的品种、规格、质量、等级或者安全、卫生要求。

（二）工业产品的设计、生产、检验、包装、储存、运输、使用的方法或者生产、储存、运输过程中的安全、卫生要求。

（三）有关环境保护的各项技术要求和检验方法。

（四）建设工程的设计、施工方法和安全要求。

（五）有关工业生产、工程建设和环境保护的技术术语、符号、代号和制图方法。

重要农产品和其他需要制定标准的项目，由国务院规定。

第三条　标准化工作的任务是制定标准、组织实施标准和对标准的实施进行监督。

标准化工作应当纳入国民经济和社会发展计划。

第四条　国家鼓励积极采用国际标准。

第五条　国务院标准化行政主管部门统一管理全国标准化工作。国务院有关行政主管部门分工管理本部门、本行业的标准化工作。

省、自治区、直辖市标准化行政主管部门统一管理本行政区域的标准化工作。省、自治区、直辖市政府有关行政主管部门分工管理本行政区域内本部门、本行业的标准化工作。

市、县标准化行政主管部门和有关行政主管部门，按照省、自治区、直辖市政府规定的各自的职责，管理本行政区域内的标准化工作。

第二章　标准的制定

第六条　对需要在全国范围内统一的技术要求，应当制定国家标准。国家标准由国务院标准化行政主管部门制定。对没有国家标准而又需要在全国某个行业范围内统一的技术要求，可以制定行业标准。行业标准由国务院有关行政主管部门制定，并报国务院标准化行政主管部门备案，在公布国家标准之后，该项行业标准即行废止。对没有国家标准和行业标准而又需要在省、自治区、直辖市范围内统一的工业产品的安全、卫生要求，可以制定地方标准。地方标准由省、自治区、直辖市标准化行政主管部门制定，并报国务院标准化行政主管部门和国务院有关行政主管部门备案，在公布国家标准或者行业标准之后，该项地方标准即行废止。

企业生产的产品没有国家标准和行业标准的，应当制定企业标准，作为组织生产的依据。企业的产品标准须报当地政府标准化行政主管部门和有关行政主管部门备案。已有国家标准或者行业标准的，国家鼓励企业制定严于国家标准或者行业标准的企业标准，在企业内部适用。

法律对标准的制定另有规定的，依照法律的规定执行。

第七条　国家标准、行业标准分为强制性标准和推荐性标准。保障人体健康，人身、财产安全的标准和法律、行政法规规定强制执行的标准是强制性标准，其他标准是推荐性标准。

省、自治区、直辖市标准化行政主管部门制定的工业产品的安全、卫生要求的地方标准，在本行政区域内是强制性标准。

第八条　制定标准应当有利于保障安全和人民的身体健康，保护消费者的利益，保护环境。

第九条　制定标准应当有利于合理利用国家资源，推广科学技术成果，提高经济效益，并符合使用要求，有利于产品的通用互换，做到技术上先进，经济上合理。

第十条　制定标准应当做到有关标准的协调配套。

第十一条　制定标准应当有利于促进对外经济技术合作和对外贸易。

第十二条　制定标准应当发挥行业协会、科学研究机构和学术团体的作用。

制定标准的部门应当组织由专家组成的标准化技术委员会，负责标准的草拟，参加标准草案的审查工作。

第十三条　标准实施后，制定标准的部门应当根据科学技术的发展和经济建设的需要适时进行复审，以确认现行标准继续有效或者予以修订、废止。

第三章　标准的实施

第十四条　强制性标准，必须执行。不符合强制性标准的产品，禁止生产、销售和进口。推荐性标准，国家鼓励企业自愿采用。

第十五条　企业对有国家标准或者行业标准的产品，可以向国务院标准化行政主管部门或者国务院标准化行政主管部门授权的部门申请产品质量认证。认证合格的，由认证部门授予认证证书，准许在产品或者其包装上使用规定的认证标志。

已经取得认证证书的产品不符合国家标准或者行业标准的，以及产品未经认证或者认证不合格的，不得使用认证标志出厂销售。

第十六条　出口产品的技术要求，依照合同的约定执行。

第十七条　企业研制新产品、改进产品，进行技术改造，应当符合标准化要求。

第十八条　县级以上政府标准化行政主管部门负责对标准的实施进行监督检查。

第十九条　县级以上政府标准化行政主管部门，可以根据需要设置检验机构，或者授权其他单位的检验机构，对产品是否符合标准进行检验。法律、行政法规对检验机构另有规定的，依照法律、行政法规的规定执行。

处理有关产品是否符合标准的争议，以前款规定的检验机构的检验数据为准。

第四章　法律责任

第二十条　生产、销售、进口不符合强制性标准的产品的，由法律、行政法规规定的行政主管部门依法处理，法律、行政法规未作规定的，由工商行政管理部门没收产品和违法所得，并处罚款；造成严重后果构成犯罪的，对直接责任人员依法追究刑事责任。

第二十一条 已经授予认证证书的产品不符合国家标准或者行业标准而使用认证标志出厂销售的，由标准化行政主管部门责令停止销售，并处罚款；情节严重的，由认证部门撤销其认证证书。

第二十二条 产品未经认证或者认证不合格而擅自使用认证标志出厂销售的，由标准化行政主管部门责令停止销售，并处罚款。

第二十三条 当事人对没收产品、没收违法所得和罚款的处罚不服的，可以在接到处罚通知之日起十五日内，向作出处罚决定的机关的上一级机关申请复议；对复议决定不服的，可以在接到复议决定之日起十五日内，向人民法院起诉。当事人也可以在接到处罚通知之日起十五日内，直接向人民法院起诉。当事人逾期不申请复议或者不向人民法院起诉又不履行处罚决定的，由作出处罚决定的机关申请人民法院强制执行。

第二十四条 标准化工作的监督、检验、管理人员违法失职、徇私舞弊的，给予行政处分；构成犯罪的，依法追究刑事责任。

第五章 附　则

第二十五条 本法实施条例由国务院制定。

第二十六条 本法自 1989 年 4 月 1 日起施行。

附录3　中华人民共和国标准化法实施条例

（1990 年 4 月 6 日中华人民共和国国务院令第 53 号发布）

第一章　总　　则

第一条　根据《中华人民共和国标准化法》（以下简称《标准化法》）的规定，制定本条例。

第二条　对下列需要统一的技术要求，应当制定标准：

（一）工业产品的品种、规格、质量、等级或者安全、卫生要求；

（二）工业产品的设计、生产、试验、检验、包装、储存、运输、使用的方法或者生产、储存、运输过程中的安全、卫生要求；

（三）有关环境保护的各项技术要求和检验方法；

（四）建设工程的勘察、设计、施工、验收的技术要求和方法；

（五）有关工业生产、工程建设和环境保护的技术术语、符号、代号、制图方法、互换配合要求；

（六）农业（含林业、牧业、渔业，下同）产品（含种子、种苗、种畜、种禽，下同）的品种、规格、质量、等级、检验、包装、储存、运输以及生产技术、管理技术的要求；

（七）信息、能源、资源、交通运输的技术要求。

第三条　国家有计划地发展标准化事业。标准化工作应当纳入各级国民经济和社会发展计划。

第四条　国家鼓励采用国际标准和国外先进标准，积极参与制定国际标准。

第二章　标准化工作的管理

第五条　标准化工作的任务是制定标准、组织实施标准和对标准的实施进行监督。

第六条　国务院标准化行政主管部门统一管理全国标准化工作，履行下列职责：

（一）组织贯彻国家有关标准化工作的法律、法规、方针、政策；

（二）组织制定全国标准化工作规划、计划；

（三）组织制定国家标准；

（四）指导国务院有关行政主管部门和省、自治区、直辖市人民政府标准化行政主管部门的标准化工作，协调和处理有关标准化工作问题；

（五）组织实施标准；

（六）对标准的实施情况进行监督检查；

（七）统一管理全国的产品质量认证工作；

（八）统一负责对有关国际标准化组织的业务联系。

第七条　国务院有关行政主管部门分工管理本部门、本行业的标准化工作，履行下列职责：

（一）贯彻国家标准化工作的法律、法规、方针、政策，并制定在本部门、本行业实施的具体办法；

（二）制定本部门、本行业的标准化工作规划、计划；

（三）承担国家下达的草拟国家标准的任务，组织制定行业标准，

（四）指导省、自治区、直辖市有关行政主管部门的标准化工作；

（五）组织本部门、本行业实施标准；

（六）对标准实施情况进行监督检查；

（七）经国务院标准化行政主管部门授权，分工管理本行业的产品质量认证工作。

第八条　省、自治区、直辖市人民政府标准化行政主管部门统一管理本行政区域的标准化工作，履行下列职责；

（一）贯彻国家标准化工作的法律、法规、方针、政策，并制定在本行政区域实施的具体办法；

（二）制定地方标准化工作规划、计划；

（三）组织制定地方标准；

（四）指导本行政区域有关行政主管部门的标准化工作，协调和处理有关标准化工作问题；

（五）在本行政区域组织实施标准；

（六）对标准实施情况进行监督检查。

第九条　省、自治区、直辖市有关行政主管部门分工管理本行政区域内本部门、本行业的标准化工作，履行下列职责：

（一）贯彻国家和本部门、本行业、本行政区域标准化工作的法律、法规、方针、政策，并制定实施的具体办法；

（二）制定本行政区域内本部门、本行业的标准化工作规划、计划；

（三）承担省、自治区、直辖市人民政府下达的草拟地方标准的任务；

（四）在本行政区域内组织本部门、本行业实施标准；

（五）对标准实施情况进行监督检查。

第十条　市、县标准化行政主管部门和有关行政主管部门的职责分工，由省、自治区、直辖市人民政府规定。

第三章　标准的制定

第十一条　对需要在全国范围内统一的下列技术要求，应当制定国家标准（含标准样品的制作）：

（一）互换配合、通用技术语言要求；

（二）保障人体健康和人身、财产安全的技术要求；

（三）基本原料、燃料、材料的技术要求；

（四）通用基础件的技术要求；

（五）通用的试验、检验方法；

（六）通用的管理技术要求；

（七）工程建设的重要技术要求；

（八）国家需要控制的其他重要产品的技术要求。

第十二条　国家标准由国务院标准化行政主管部门编制计划，组织草拟，统一审批，编

号、发布。

工程建设、药品、食品卫生、兽药、环境保护的国家标准，分别由国务院工程建设主管部门、卫生主管部门、农业主管部门、环境保护主管部门组织草拟、审批；其编号、发布办法由国务院标准化行政主管部门会同国务院有关行政主管部门制定。

法律对国家标准的制定另有规定的，依照法律的规定执行。

第十三条　没有国家标准而又需要在全国某个行业范围内统一的技术要求，可以制定行业标准（含标准样品的制作）。制定行业标准的项目由国务院有关行政主管部门确定。

第十四条　行业标准由国务院有关行政主管部门编制计划、组织草拟，统一审批、编号、发布，并报国务院标准化行政主管部门备案。

行业标准在相应的国家标准实施后，自行废止。

第十五条　对没有国家标准和行业标准而又需要在省、自治区、直辖市范围内统一的工业产品的安全、卫生要求，可以制定地方标准。制定地方标准的项目，由省、自治区、直辖市人民政府标准化行政主管部门确定。

第十六条　地方标准由省、自治区、直辖市人民政府标准化行政主管部门编制计划，组织草拟，统一审批、编号、发布，并报国务院标准化行政主管部门和国务院有关行政主管部门备案。

法律对地方标准的制定另有规定的，依照法律的规定执行。

地方标准在相应的国家标准或行业标准实施后，自行废止。

第十七条　企业生产的产品没有国家标准、行业标准和地方标准的，应当制定相应的企业标准，作为组织生产的依据。企业标准由企业组织制定（农业企业标准制定办法另定），并按省、自治区、直辖市人民政府的规定备案。

对已有国家标准、行业标准或者地方标准的，鼓励企业制定严于国家标准、行业标准或者地方标准要求的企业标准，在企业内部适用。

第十八条　国家标准、行业标准分为强制性标准和推荐性标准。

下列标准属于强制性标准：

（一）药品标准，食品卫生标准，兽药标准；

（二）产品及产品生产、储运和使用中的安全、卫生标准，劳动安全、卫生标准，运输安全标准；

（三）工程建设的质量、安全、卫生标准及国家需要控制的其他工程建设标准；

（四）环境保护的污染物排放标准和环境质量标准；

（五）重要的通用技术术语、符号、代号和制图方法；

（六）通用的试验、检验方法标准；

（七）互换配合标准；

（八）国家需要控制的重要产品质量标准。

国家需要控制的重要产品目录由国务院标准化行政主管部门会同国务院有关行政主管部门确定。

强制性标准以外的标准是推荐性标准。

省、自治区、直辖市人民政府标准化行政主管部门制定的工业产品的安全、卫生要求的地方标准，在本行政区域内是强制性标准。

第十九条 制定标准应当发挥行业协会、科学技术研究机构和学术团体的作用。

制定国家标准、行业标准和地方标准的部门应当组织由用户、生产单位、行业协会、科学技术研究机构、学术团体及有关部门的专家组成标准化技术委员会，负责标准草拟和参加标准草案的技术审查工作。未组成标准化技术委员会的，可以由标准化技术归口单位负责标准草拟和参加标准草案的技术审查工作。

制定企业标准应当充分听取使用单位、科学技术研究机构的意见。

第二十条 标准实施后，制定标准的部门应当根据科学技术的发展和经济建设的需要适时进行复审。标准复审周期一般不超过五年。

第二十一条 国家标准、行业标准和地方标准的代号、编号办法，由国务院标准化行政主管部门统一规定。企业标准的代号、编号办法，由国务院标准化行政主管部门会同国务院有关行政主管部门规定。

第二十二条 标准的出版、发行办法，由制定标准的部门规定。

第四章　标准的实施与监督

第二十三条 从事科研、生产、经营的单位和个人，必须严格执行强制性标准。不符合强制性标准的产品，禁止生产、销售和进口。

第二十四条 企业生产执行国家标准、行业标准、地方标准或企业标准，应当在产品或其说明书、包装物上标注所执行标准的代号、编号、名称。

第二十五条 出口产品的技术要求由合同双方约定。出口产品在国内销售时，属于我国强制性标准管理范围的，必须符合强制性标准的要求。

第二十六条 企业研制新产品、改进产品、进行技术改造，应当符合标准化要求。

第二十七条 国务院标准化行政主管部门组织或授权国务院有关行政主管部门建立行业认证机构，进行产品质量认证工作。

第二十八条 国务院标准化行政主管部门统一负责全国标准实施的监督。国务院有关行政主管部门分工负责本部门、本行业的标准实施的监督。

省、自治区、直辖市标准化行政主管部门统一负责本行政区域内的标准实施的监督。省、自治区、直辖市人民政府有关行政主管部门分工负责本行政区域内本部门、本行业的标准实施的监督。

市、县标准化行政主管部门和有关行政主管部门，按照省、自治区、直辖市人民政府规定的各自的职责，负责本行政区域内的标准实施的监督。

第二十九条 县级以上人民政府标准化行政主管部门，可以根据需要设置检验机构，或者授权其他单位的检验机构，对产品是否符合标准进行检验和承担其他标准实施的监督检验任务。检验机构的设置应当合理布局，充分利用现有力量。

国家检验机构由国务院标准化行政主管部门会同国务院有关行政主管部门规划、审查。地方检验机构由省、自治区、直辖市人民政府标准化行政主管部门会同省级有关行政主管部门规划、审查。

处理有关产品是否符合标准的争议，以本条规定的检验机构的检验数据为准。

第三十条 国务院有关行政主管部门可以根据需要和国家有关规定设立检验机构，负责本行业、本部门的检验工作。

第三十一条 国家机关、社会团体、企业事业单位及全体公民均有权检举、揭发违反强制性标准的行为。

第五章　法律责任

第三十二条 违反《标准化法》和本条例有关规定，有下列情形之一的，由标准化行政主管部门或有关行政主管部门在各自的职权范围内责令限期改进，并可通报批评或给予责任者行政处分：

（一）企业未按规定制定标准作为组织生产依据的；

（二）企业未按规定要求将产品标准上报备案的；

（三）企业的产品未按规定附有标识或与其标识不符的；

（四）企业研制新产品、改进产品、进行技术改造，不符合标准化要求的；

（五）科研、设计、生产中违反有关强制性标准规定的。

第三十三条 生产不符合强制性标准的产品的，应当责令其停止生产，并没收产品，监督销毁或作必要技术处理；处以该批产品货值金额百分之二十至百分之五十的罚款；对有关责任者处以五千元以下罚款。

销售不符合强制性标准的商品的，应当责令其停止销售，并限期追回已售出的商品，监督销毁或作必要技术处理；没收违法所得；处以该批商品货值金额百分之十至百分之二十的罚款；对有关责任者处以五千元以下罚款。

进口不符合强制性标准的产品的，应当封存并没收该产品，监督销毁或作必要技术处理；处以进口产品货值金额百分之二十至百分之五十的罚款；对有关责任者给予行政处分，并可处以五千元以下罚款。

本条规定的责令停止生产、行政处分，由有关行政主管部门决定；其他行政处罚由标准化行政主管部门和工商行政管理部门依据职权决定。

第三十四条 生产、销售、进口不符合强制性标准的产品，造成严重后果，构成犯罪的，由司法机关依法追究直接责任人员的刑事责任。

第三十五条 获得认证证书的产品不符合认证标准而使用认证标志出厂销售的，由标准化行政主管部门责令其停止销售，并处以违法所得二倍以下的罚款；情节严重的，由认证部门撤销其认证证书。

第三十六条 产品未经认证或者认证不合格而擅自使用认证标志出厂销售的，由标准化行政主管部门责令其停止销售，处以违法所得三倍以下的罚款，并对单位负责人处以五千元以下罚款。

第三十七条 当事人对没收产品、没收违法所得和罚款的处罚不服的，可以在接到处罚通知之日起十五日内，向作出处罚决定的机关的上一级机关申请复议；对复议决定不服的，可以在接到复议决定之日起十五日内，向人民法院起诉。当事人也可以在接到处罚通知之日起十五日内，直接向人民法院起诉。当事人逾期不申请复议或者不向人民法院起诉又不履行处罚决定的，作出处罚决定的机关申请人民法院强制执行。

第三十八条 本条例第三十二条至第三十六条规定的处罚不免除由此产生的对他人的损害赔偿责任。受到损害的有权要求责任人赔偿损失。赔偿责任和赔偿金额纠纷可以由有关行政主管部门处理，当事人也可以直接向人民法院起诉。

第三十九条 标准化工作的监督、检验、管理人员有下列行为之一的，由有关主管部门给予行政处分，构成犯罪的，由司法机关依法追究刑事责任：

（一）违反本条例规定，工作失误，造成损失的；

（二）伪造、篡改检验数据的；

（三）徇私舞弊、滥用职权、索贿受贿的。

第四十条 罚没收入全部上缴财政。对单位的罚款，一律从其自有资金中支付，不得列入成本。对责任人的罚款，不得从公款中核销。

第六章 附 则

第四十一条 军用标准化管理条例，由国务院、中央军委另行制定。

第四十二条 工程建设标准化管理规定，由国务院工程建设主管部门依据《标准化法》和本条例的有关规定另行制定，报国务院批准后实施。

第四十三条 本条例由国家技术监督局负责解释。

第四十四条 本条例自发布之日起施行。

附录4　中华人民共和国农产品质量安全法

（2006年4月29日第十届全国人民代表大会常务委员会第二十一次会议通过）

第一章　总　　则

第一条　为保障农产品质量安全，维护公众健康，促进农业和农村经济发展，制定本法。

第二条　本法所称农产品，是指来源于农业的初级产品，即在农业活动中获得的植物、动物、微生物及其产品。

本法所称农产品质量安全，是指农产品质量符合保障人的健康、安全的要求。

第三条　县级以上人民政府农业行政主管部门负责农产品质量安全的监督管理工作；县级以上人民政府有关部门按照职责分工，负责农产品质量安全的有关工作。

第四条　县级以上人民政府应当将农产品质量安全管理工作纳入本级国民经济和社会发展规划，并安排农产品质量安全经费，用于开展农产品质量安全工作。

第五条　县级以上地方人民政府统一领导、协调本行政区域内的农产品质量安全工作，并采取措施，建立健全农产品质量安全服务体系，提高农产品质量安全水平。

第六条　国务院农业行政主管部门应当设立由有关方面专家组成的农产品质量安全风险评估专家委员会，对可能影响农产品质量安全的潜在危害进行风险分析和评估。

国务院农业行政主管部门应当根据农产品质量安全风险评估结果采取相应的管理措施，并将农产品质量安全风险评估结果及时通报国务院有关部门。

第七条　国务院农业行政主管部门和省、自治区、直辖市人民政府农业行政主管部门应当按照职责权限，发布有关农产品质量安全状况信息。

第八条　国家引导、推广农产品标准化生产，鼓励和支持生产优质农产品，禁止生产、销售不符合国家规定的农产品质量安全标准的农产品。

第九条　国家支持农产品质量安全科学技术研究，推行科学的质量安全管理方法，推广先进安全的生产技术。

第十条　各级人民政府及有关部门应当加强农产品质量安全知识的宣传，提高公众的农产品质量安全意识，引导农产品生产者、销售者加强质量安全管理，保障农产品消费安全。

第二章　农产品质量安全标准

第十一条　国家建立健全农产品质量安全标准体系。农产品质量安全标准是强制性的技术规范。

农产品质量安全标准的制定和发布，依照有关法律、行政法规的规定执行。

第十二条　制定农产品质量安全标准应当充分考虑农产品质量安全风险评估结果，并听取农产品生产者、销售者和消费者的意见，保障消费安全。

第十三条　农产品质量安全标准应当根据科学技术发展水平以及农产品质量安全的需要，及时修订。

第十四条　农产品质量安全标准由农业行政主管部门商有关部门组织实施。

第三章　农产品产地

第十五条　县级以上地方人民政府农业行政主管部门按照保障农产品质量安全的要求，根据农产品品种特性和生产区域大气、土壤、水体中有毒有害物质状况等因素，认为不适宜特定农产品生产的，提出禁止生产的区域，报本级人民政府批准后公布。具体办法由国务院农业行政主管部门商国务院环境保护行政主管部门制定。

农产品禁止生产区域的调整，依照前款规定的程序办理。

第十六条　县级以上人民政府应当采取措施，加强农产品基地建设，改善农产品的生产条件。

县级以上人民政府农业行政主管部门应当采取措施，推进保障农产品质量安全的标准化生产综合示范区、示范农场、养殖小区和无规定动植物疫病区的建设。

第十七条　禁止在有毒有害物质超过规定标准的区域生产、捕捞、采集食用农产品和建立农产品生产基地。

第十八条　禁止违反法律、法规的规定向农产品产地排放或者倾倒废水、废气、固体废物或者其他有毒有害物质。

农业生产用水和用作肥料的固体废物，应当符合国家规定的标准。

第十九条　农产品生产者应当合理使用化肥、农药、兽药、农用薄膜等化工产品，防止对农产品产地造成污染。

第四章　农产品生产

第二十条　国务院农业行政主管部门和省、自治区、直辖市人民政府农业行政主管部门应当制定保障农产品质量安全的生产技术要求和操作规程。县级以上人民政府农业行政主管部门应当加强对农产品生产的指导。

第二十一条　对可能影响农产品质量安全的农药、兽药、饲料和饲料添加剂、肥料、兽医器械，依照有关法律、行政法规的规定实行许可制度。

国务院农业行政主管部门和省、自治区、直辖市人民政府农业行政主管部门应当定期对可能危及农产品质量安全的农药、兽药、饲料和饲料添加剂、肥料等农业投入品进行监督抽查，并公布抽查结果。

第二十二条　县级以上人民政府农业行政主管部门应当加强对农业投入品使用的管理和指导，建立健全农业投入品的安全使用制度。

第二十三条　农业科研教育机构和农业技术推广机构应当加强对农产品生产者质量安全知识和技能的培训。

第二十四条　农产品生产企业和农民专业合作经济组织应当建立农产品生产记录，如实记载下列事项：

（一）使用农业投入品的名称、来源、用法、用量和使用、停用的日期；

（二）动物疫病、植物病虫草害的发生和防治情况；

（三）收获、屠宰或者捕捞的日期。

农产品生产记录应当保存二年。禁止伪造农产品生产记录。

国家鼓励其他农产品生产者建立农产品生产记录。

第二十五条　农产品生产者应当按照法律、行政法规和国务院农业行政主管部门的规定，合理使用农业投入品，严格执行农业投入品使用安全间隔期或者休药期的规定，防止危及农产品质量安全。

禁止在农产品生产过程中使用国家明令禁止使用的农业投入品。

第二十六条　农产品生产企业和农民专业合作经济组织，应当自行或者委托检测机构对农产品质量安全状况进行检测；经检测不符合农产品质量安全标准的农产品，不得销售。

第二十七条　农民专业合作经济组织和农产品行业协会对其成员应当及时提供生产技术服务，建立农产品质量安全管理制度，健全农产品质量安全控制体系，加强自律管理。

第五章　农产品包装和标识

第二十八条　农产品生产企业、农民专业合作经济组织以及从事农产品收购的单位或者个人销售的农产品，按照规定应当包装或者附加标识的，须经包装或者附加标识后方可销售。包装物或者标识上应当按照规定标明产品的品名、产地、生产者、生产日期、保质期、产品质量等级等内容；使用添加剂的，还应当按照规定标明添加剂的名称。具体办法由国务院农业行政主管部门制定。

第二十九条　农产品在包装、保鲜、贮存、运输中所使用的保鲜剂、防腐剂、添加剂等材料，应当符合国家有关强制性的技术规范。

第三十条　属于农业转基因生物的农产品，应当按照农业转基因生物安全管理的有关规定进行标识。

第三十一条　依法需要实施检疫的动植物及其产品，应当附具检疫合格标志、检疫合格证明。

第三十二条　销售的农产品必须符合农产品质量安全标准，生产者可以申请使用无公害农产品标志。农产品质量符合国家规定的有关优质农产品标准的，生产者可以申请使用相应的农产品质量标志。

禁止冒用前款规定的农产品质量标志。

第六章　监督检查

第三十三条　有下列情形之一的农产品，不得销售：

（一）含有国家禁止使用的农药、兽药或者其他化学物质的；

（二）农药、兽药等化学物质残留或者含有的重金属等有毒有害物质不符合农产品质量安全标准的；

（三）含有的致病性寄生虫、微生物或者生物毒素不符合农产品质量安全标准的；

（四）使用的保鲜剂、防腐剂、添加剂等材料不符合国家有关强制性的技术规范的；

（五）其他不符合农产品质量安全标准的。

第三十四条　国家建立农产品质量安全监测制度。县级以上人民政府农业行政主管部门应当按照保障农产品质量安全的要求，制定并组织实施农产品质量安全监测计划，对生产中或者市场上销售的农产品进行监督抽查。监督抽查结果由国务院农业行政主管部门或者省、自治区、直辖市人民政府农业行政主管部门按照权限予以公布。

监督抽查检测应当委托符合本法第三十五条规定条件的农产品质量安全检测机构进行，

不得向被抽查人收取费用,抽取的样品不得超过国务院农业行政主管部门规定的数量。上级农业行政主管部门监督抽查的农产品,下级农业行政主管部门不得另行重复抽查。

第三十五条 农产品质量安全检测应当充分利用现有的符合条件的检测机构。

从事农产品质量安全检测的机构,必须具备相应的检测条件和能力,由省级以上人民政府农业行政主管部门或者其授权的部门考核合格。具体办法由国务院农业行政主管部门制定。

农产品质量安全检测机构应当依法经计量认证合格。

第三十六条 农产品生产者、销售者对监督抽查检测结果有异议的,可以自收到检测结果之日起五日内,向组织实施农产品质量安全监督抽查的农业行政主管部门或者其上级农业行政主管部门申请复检。

采用国务院农业行政主管部门会同有关部门认定的快速检测方法进行农产品质量安全监督抽查检测,被抽查人对检测结果有异议的,可以自收到检测结果时起四小时内申请复检。复检不得采用快速检测方法。

因检测结果错误给当事人造成损害的,依法承担赔偿责任。

第三十七条 农产品批发市场应当设立或者委托农产品质量安全检测机构,对进场销售的农产品质量安全状况进行抽查检测;发现不符合农产品质量安全标准的,应当要求销售者立即停止销售,并向农业行政主管部门报告。

农产品销售企业对其销售的农产品,应当建立健全进货检查验收制度;经查验不符合农产品质量安全标准的,不得销售。

第三十八条 国家鼓励单位和个人对农产品质量安全进行社会监督。任何单位和个人都有权对违反本法的行为进行检举、揭发和控告。有关部门收到相关的检举、揭发和控告后,应当及时处理。

第三十九条 县级以上人民政府农业行政主管部门在农产品质量安全监督检查中,可以对生产、销售的农产品进行现场检查,调查了解农产品质量安全的有关情况,查阅、复制与农产品质量安全有关的记录和其他资料;对经检测不符合农产品质量安全标准的农产品,有权查封、扣押。

第四十条 发生农产品质量安全事故时,有关单位和个人应当采取控制措施,及时向所在地乡级人民政府和县级人民政府农业行政主管部门报告;收到报告的机关应当及时处理并报上一级人民政府和有关部门。发生重大农产品质量安全事故时,农业行政主管部门应当及时通报同级食品药品监督管理部门。

第四十一条 县级以上人民政府农业行政主管部门在农产品质量安全监督管理中,发现有本法第三十三条所列情形之一的农产品,应当按照农产品质量安全责任追究制度的要求,查明责任人,依法予以处理或者提出处理建议。

第四十二条 进口的农产品必须按照国家规定的农产品质量安全标准进行检验;尚未制定有关农产品质量安全标准的,应当依法及时制定,未制定之前,可以参照国家有关部门指定的国外有关标准进行检验。

第七章 法律责任

第四十三条 农产品质量安全监督管理人员不依法履行监督职责,或者滥用职权的,依法给予行政处分。

第四十四条　农产品质量安全检测机构伪造检测结果的，责令改正，没收违法所得，并处五万元以上十万元以下罚款，对直接负责的主管人员和其他直接责任人员处一万元以上五万元以下罚款；情节严重的，撤销其检测资格；造成损害的，依法承担赔偿责任。

农产品质量安全检测机构出具检测结果不实，造成损害的，依法承担赔偿责任；造成重大损害的，并撤销其检测资格。

第四十五条　违反法律、法规规定，向农产品产地排放或者倾倒废水、废气、固体废物或者其他有毒有害物质的，依照有关环境保护法律、法规的规定处罚；造成损害的，依法承担赔偿责任。

第四十六条　使用农业投入品违反法律、行政法规和国务院农业行政主管部门的规定的，依照有关法律、行政法规的规定处罚。

第四十七条　农产品生产企业、农民专业合作经济组织未建立或者未按照规定保存农产品生产记录的，或者伪造农产品生产记录的，责令限期改正；逾期不改正的，可以处二千元以下罚款。

第四十八条　违反本法第二十八条规定，销售的农产品未按照规定进行包装、标识的，责令限期改正；逾期不改正的，可以处二千元以下罚款。

第四十九条　有本法第三十三条第四项规定情形，使用的保鲜剂、防腐剂、添加剂等材料不符合国家有关强制性的技术规范的，责令停止销售，对被污染的农产品进行无害化处理，对不能进行无害化处理的予以监督销毁；没收违法所得，并处二千元以上二万元以下罚款。

第五十条　农产品生产企业、农民专业合作经济组织销售的农产品有本法第三十三条第一项至第三项或者第五项所列情形之一的，责令停止销售，追回已经销售的农产品，对违法销售的农产品进行无害化处理或者予以监督销毁；没收违法所得，并处二千元以上二万元以下罚款。

农产品销售企业销售的农产品有前款所列情形的，依照前款规定处理、处罚。

农产品批发市场中销售的农产品有第一款所列情形的，对违法销售的农产品依照第一款规定处理，对农产品销售者依照第一款规定处罚。

农产品批发市场违反本法第三十七条第一款规定的，责令改正，处二千元以上二万元以下罚款。

第五十一条　违反本法第三十二条规定，冒用农产品质量标志的，责令改正，没收违法所得，并处二千元以上二万元以下罚款。

第五十二条　本法第四十四条、第四十七条至第四十九条、第五十条第一款、第四款和第五十一条规定的处理、处罚，由县级以上人民政府农业行政主管部门决定；第五十条第二款、第三款规定的处理、处罚，由工商行政管理部门决定。

法律对行政处罚及处罚机关有其他规定的，从其规定。但是，对同一违法行为不得重复处罚。

第五十三条　违反本法规定，构成犯罪的，依法追究刑事责任。

第五十四条　生产、销售本法第三十三条所列农产品，给消费者造成损害的，依法承担赔偿责任。

农产品批发市场中销售的农产品有前款规定情形的，消费者可以向农产品批发市场要求赔偿；属于生产者、销售者责任的，农产品批发市场有权追偿。消费者也可以直接向农产品生产者、销售者要求赔偿。

第八章　附　则

第五十五条　生猪屠宰的管理按照国家有关规定执行。

第五十六条　本法自 2006 年 11 月 1 日起施行。

附录5　经济作物种子　第1部分：纤维类（GB 4407.1—2008）

1　范围

GB 4407 的本部分规定了陆地棉（*Gossypium hirsutum*）、海岛棉（*Gossypium barbaciense*）、圆果黄麻（*Corchorus capsularis*）、长果黄麻（*Corchorus olitorius*）、红麻（*Hibiscus cannabinus*）和亚麻（*Linumusitatissimum*）种子的质量要求、检验方法和检验规则。

本部分适用于中华人民共和国境内生产、销售的上述纤维类种子。

2　规范性引用文件

下列文件中的条款通过 GB 4407 的本部分的引用而成为本部分的条款。凡是注日期的引用文件，其随后所有的修改单（不包括勘误的内容）或修订版均不适用于本部分，然而，鼓励根据本部分达成协议的各方研究是否可使用这些文件的最新版本。凡是不注日期的引用文件，其最新版本适用于本部分。

GB/T 3543（所有部分）　农作物种子检验规程

GB 20464　农作物种子标签通则

3　术语和定义

下列术语和定义适用于 GB 4407 的本部分。

3.1

原种　basic seed

用育种家神子繁殖的第一代至第三代，经确认达到规定质量要求的种子。

3.2

大田用种　qualified seed

用常规原种繁殖的第一代至舞三代或杂交种，经确认达到规定质量要求的种子。

3.3

毛籽　undelinted seed

籽棉经轧花或剥绒，其表面附着短绒的棉籽。

3.4

光籽　delinted seed

脱绒后的棉籽。

3.5

薄膜包衣籽　encrusted seed

形状类似于原来的种子单位，可能含有杀虫剂、杀菌剂、染料或其他添加剂的种子。

4　质量要求

4.1　总则

种子质量要求由质量指标和质量标注值组成。质量指标包括品种纯度、净度、发芽率、水分；质量标注值应真实，并符合本部分质量要求（见 4.2）。

4.2 质量标准

4.2.1 棉花

棉花种子（包括转基因种子）质量应符合表 1 的最低要求。

表 1

单位为百分率

作物种类	种子类型	种子类型	品种纯度 不低于	净度（净种子） 不低于	发芽率 不低于	水分 不高于
棉花常规种	棉花毛籽	原种	99.0	97.0	70	12.0
		大田用种	95.0			
	棉花光籽	原种	99.0	99.0	80	12.0
		大田用种	95.0			
	棉花薄膜 包衣籽	原种	99.0	99.0	80	12.0
		大田用种	95.0			
棉花杂交种亲本	棉花毛籽		99.0	97.0	70	12.0
	棉花光籽		99.0	99.0	80	12.0
	棉花薄膜包衣籽		99.0	99.0	80	12.0
棉花杂交一代种	棉花毛籽		95.0	97.0	70	12.0
	棉花光籽		95.0	99.0	80	12.0
	棉花薄膜包衣籽		95.0	99.0	80	12.0

4.2.2 黄麻、红麻和亚麻

黄麻、红麻和亚麻种子质量应符合表 2 的最低要求。

表 2

单位为百分率

作物种类	种子类型	品种纯度 不低于	净度（净种子） 不低于	发芽率 不低于	水分 不高于
果圆黄麻	原种	99.0	8.0	80	12.0
	大田用种	96.0			
长果黄麻	原种	99.0	8.0	85	12.0
	大田用种	96.0			
红麻	原种	99.0	8.0	75	12.0
	大田用种	97.0			
亚麻	原种	99.0	8.0	85	9.0
	大田用种	97.0			

5 检验方法

净度分析、发芽实验、水分测定、真实性和品种纯度检测应执行 GB/T 3543 的规定。

6　检验规则

6.1　扦样

扦样方法和种子的确定应执行 GB/T 3543 的规定。

6.2　质量判定规则

质量判定规则应执行 GB 20464 的规定。

附录6 农作物薄膜包衣种子技术条件（GB/T 15671—2009）

1 范围

本标准规定了薄膜包衣种子技术要求、质量检验以及标志、包装、运输和贮存。

本标准适用于小麦、水稻、玉米、棉花、大豆、高粱、谷子等农作物的薄膜包衣种子，其他农作物薄膜包衣种子可参照执行。

2 规范性引用文件

下列文件中的条款通过本标准的引用而成为本标准的条款。凡是注日期的引用文件，其随后所有的修改单（不包括勘误的内容）或修订版均不适用于本标准，然而，鼓励根据本标准达成协议的各方研究是否可使用这些文件的最新版本。凡是不注日期的引用文件，其最新版本适用于本标准。

GB/T 3543.1　农作物种子检验规程总则

GB/T 3543.2　农作物种子检验规程扦样

GB/T 3543.3　农作物种子检验规程净度分析

GB/T 3543.4　农作物种子检验规程发芽试验

GB/T 3543.5　农作物种子检验规程真实性和品种纯度鉴定

GB/T 3543.6　农作物种子检验规程水分测定

GB 4404.1　粮食作物种子第1部分：禾谷类

GB 4404.2　粮食作物种子豆类

GB 4407.1　经济作物种子第1部分：纤维类

GB/T 7414　主要农作物种子包装

GB/T 7415　农作物种子贮藏

GB 12475　农药贮藏、销售和使用的防毒规程

3 术语和定义

下列术语和定义适用于本标准。

3.1 薄膜包衣种子 film coating seed

在包衣机械的作用下，将种衣剂均匀地包裹在种子表面并形成一层膜衣的种子。

4 薄膜包衣种子技术要求

薄膜包衣种子的纯度、净度、水分和发芽率质量标准执行 GB 4404.1，GB 4404.2，GB 4407.1规定，薄膜包衣种子所使用的种衣剂产品应具有农药登记证号和生产批准号，其农药有效成分含量和薄膜包衣种子药种比应符合种衣剂产品说明中的规定，包含合格率质量指标见表1。

表 1　薄膜包衣种子包衣合格率质量指标

项　目	小　麦	玉米 （杂交种）	高粱 （杂交种）	谷　子	大　豆	水稻 （杂交种）	棉　花
包衣合格率,%	≥95	≥95	≥95	≥85	≥94	≥88	≥94

5　薄膜包衣种子质量检验

5.1　扦样

按 GB/T 3543.2 的规定执行。扦样时间应在包衣种子成膜后进行。

5.2　样品的混合

执行 GB/T 3543.2 的规定。采用四分法对送检样品进行混合。

5.3　扦样单

扦样单内容见附录 A 中的表 A.1。

5.4　检验方法

5.4.1　纯度检验

将薄膜包衣种子放入细孔筛后浸在水里，将种子表面膜衣洗净，放在吸水纸上，置入恒温箱内干燥（干燥温度 30 ℃）后按 GB/T 3543.5 规定进行品种纯度检验。

5.4.2　净度检验

按品种纯度检验中的方法，除去膜衣后，按 GB/T 3543.3 的规定进行净度检验。

5.4.3　水分检验

按 GB/T 3543.6 的规定进行水分检验。

5.4.4　发芽率检验

按 GB/T 3543.4 规定进行发芽率检验。发芽试验时，薄膜包衣种子粒和粒之间至少保持与薄膜包衣种子同样大小的两倍距离。检验时间延长 48 h。

5.4.5　包衣合格率检验

从混合样品中随机取试样 3 份，每份 200 粒，用放大镜目测观察每粒种子。凡表面膜衣覆盖面积不小于 80% 者为合格薄膜包衣种子，数出合格薄膜包衣种子粒数，按式（1）计算，将结果计入表 2。

$$H = h/200 \times 100\% \tag{1}$$

式中：

H——薄膜包衣种子合格率,%；

h——样品中合格薄膜包衣种子粒数。

表 2　薄膜包衣种子包衣合格率测定结果

项　目	取样次数			
	1	2	3	平均
合格籽粒,粒				
合格率,%				

检测人＿＿＿＿＿＿　检测日期＿＿＿＿＿＿

5.5 检测结果

检验程序结束后应整理数据，汇总并记入附录 A 中的表 A.2。

5.6 评定

检验结果中有一项不合格者，即判定为不合格薄膜包衣种子，并在检验结果报告单中注明处理意见。薄膜包衣种子的纯度、净度、发芽率的测定值与标准规定值进行比较判定时，执行 GB/T 3543.1、GB/T 3543.2、GB/T 3543.3、GB/T 3543.4、GB/T 3543.5、GB/T 3543.6 中与规定值比较所用的容许差距。

6 标志、包装、运输和贮存

6.1 标志

薄膜包衣种子包装物上标志应符合 GB/T 7414、GB/T 7415 和 GB 12475 的规定，注明药剂名称、有效成分及含量、注意事项；并根据药剂毒性附骷髅或十字骨的警示标志，标注红色"有毒"字样。

6.2 包装

薄膜包衣种子包装应防雨、防潮。包装材料采用塑料袋、塑料编织袋、复合袋等。包装规格执行 GB/T 7414、GB/T 7415 的规定。包装物不得重复使用，使用后焚烧、深埋或集中处理，并不能引起环境污染。

6.3 运输

薄膜包衣种子运输过程中的防毒事宜，执行 GB 12475 的规定。装卸包衣种子时，要轻拿轻放，减少膜衣脱落。

6.4 贮存

6.4.1 薄膜包衣后的种子不能立即搬运，需根据所使用种衣剂的要求，待种衣成膜后方可入库。

6.4.2 薄膜包衣种子要专库分批贮存，不得与粮食、饲料等食用产品和原料混放，仓库要求干燥，有通风设施。

6.4.3 进入包衣种子库的人员应有安全防护措施。

附录 A

（规范性附录）
扦样单和薄膜包衣种子检验结果报告单
表 A.1　扦　样

字第　　号

受检单位名称			
种子存放地点		作物种类	
品种名称		批号	
批量		批件数	
扦样重量，g		样品编号	
种衣剂生产企业名称		药种比	
种衣剂剂型		包衣时间	
种衣剂有效成分含量，%		需检验项目	
备注或说明			

扦样员：　　　　　　　　　　　　　　负责人：

检验部门（盖章）：　　　　　　　　　受检单位（盖章）：

年　　月　　日

表 A.2　薄膜包衣种子检验结果报告单

字第　　号

送检单位		样品编号	
作物及品种名称		送样日期	
种衣剂生产企业名称		种衣剂剂型	
剂型有效成分含量，%		药种比	
检验结果	纯度，%	包衣合格率，%	
	净度，%		
	水分，%	发芽率，%	
备注			

检验部门（盖章）：　　　　　　　　　检验员（签字）：

检验日期：　　　年　　月　　日

附录 7　硫酸脱绒与包衣棉花种子（NY 400—2000）

1　范围

本标准规定了在棉花种子加工过程中毛子、脱绒子与包衣子的质量要求、检验方法。

本标准适用于硫酸脱绒、包衣处理的棉花种子。用其他技术脱绒的棉种质量指标可参考本标准。

2　引用标准

下列标准所包含的条文，通过在本标准中引用而构成为本标准的条文。本标准出版时，所示版本均为有效。所有标准都会被修订，使用本标准的各方应探讨使用下列最新版本的可能性。

GB/T 7414—1987　主要农作物种子包装

GB/T 7415—1987　主要农作物种子贮藏

GB/T 12475—1990　农药贮运、销售和使用的防毒规程

GB/T 3543.2—1995　农作物种子检验规程扦样

GB/T 3543.3—1995　农作物种子检验规程净度分析

GB/T 3543.2—1995　农作物种子检验规程发芽试验

GB/T 3543.2—1995　农作物种子检验规程水分测定

GB/T 3543.2—1995　农作物种子检验规程其他项目检验

3　定义

本标准采用下列定义。

3.1　毛子　undelinted seed

子棉经扎花、剥绒，其表面附着有短绒的棉子。

3.2　短绒率　short fiber content

毛子表面附着的棉短绒的质量占毛子总质量的百分数。

3.3　脱绒子　delinted seed

经脱绒及精选后的棉子。通常又称光子。

3.4　残绒指数　residue short fiber index

根据脱绒子表面残留短绒的多少，以数字代表各级的残留程度。

3.5　残酸率　residue acid content

脱绒子表面含有的残酸质量占脱绒子总质量的百分数。

3.6　包衣种子　coated seed

将种衣剂均匀地包裹在脱绒子表面并形成一层膜衣的种子。

3.7　净种子　pure seed

有或无种皮、有或无绒毛的种子；超过原来大小一半、有或无种皮的破损种子；未成熟、瘦小的、皱缩的、带病的或发过芽的种子。

3.8　净度　purity

净种子占所分析种子中三种成分之和的百分率。三种成分指净种子、其他植物种子和杂质。

3.9　健籽率　healthy seed percentage

经净度测定后的净种子样品中除去嫩籽、小籽、瘦籽等成熟度差的棉子，留下的健全种子占样品总粒数的百分率。

3.10　发芽　germination

在实验室内幼苗出现和生长到一定阶段，幼苗和主要构造表明在田间的适宜条件下能进一步生长成为正常的植株。

3.11　发芽率　percentage germination

在规定条件下和时间内长成的正常幼苗数占供检种子数的百分率。

3.12　水分　moisture content

按规定程序把种子样品烘干所失去的质量占供检样品原始质量的百分率。

3.13　破籽　broken seed

种壳脱落、有明显可见伤口或裂缝的种子。

3.14　破籽率　broken seed percentage

破籽粒数占被检种子总粒数的百分率。

3.15　种衣覆盖率　seed-coating percentage

种衣剂覆盖在种子表面的程度。以膜衣面积不少于80%的包衣种子粒数占供检包衣种子总粒数的百分率表示。

3.16　种衣牢固度　coating attachment

种衣剂附着在种子表面的牢固程度。以按规定方法振荡后的包衣种子质量占振荡前包衣种子质量的百分率表示。

4　质量要求

4.1　毛子质量指标见表1

表1

项　目	纯度,%		净度,%	发芽率,%	水分,%	健籽率,%	破籽率,%	短绒率,%
	原种	良种						
质量标准	≥99.0	≥95.0	≥97.0	≥70	≤12.0	>75	≤5	≤9

4.2　光子质量指标见表2。

表2

项　目	纯度,%		净度,%	发芽率,%	水分,%	残酸率,%	破籽率,%	残绒指数
	原种	良种						
质量标准	≥99.0	≥95.0	≥99.0	≥80	≤12.0	≤0.15	≤7	≤27

4.3 包衣子质量指标见表3。

表3

项 目	纯度,%		净度,%	发芽率,%	水分,%	破子率,%	种衣覆盖度,%	种衣牢固度,%
	原种	良种						
质量标准	≥99.0	≥95.0	≥99.0	≥80	≤7	≤7	≤90	≤99.65

5 质量检验

5.1 扦样

按 GB/T 3543.2 和 GB/T 3543.7—1995 种四篇规定方法执行。

5.2 净度分析

按 GB/T 3543.3 和 GB/T 3543.7—1995 种四篇规定方法执行。

5.3 发芽试验

按 GB/T 3543.4 和 GB/T 3543.7—1995 种四篇规定方法执行。

5.4 健籽率测定

按 GB/T 3543.3 中附录 C 规定方法执行。

5.5 水分测定

按 GB/T 3543.6 规定方法执行。

5.6 短绒率测定

采用浓硫酸脱绒法。从净种子中随机称取 10 g 左右毛子，3 次重复，分别置于小烧杯中，加入 1.5～2.0 mL 浓硫酸（比重1.84），并在电炉上加热，不断搅拌，待种子乌黑油亮时即倒入过滤漏斗，用自来水迅速冲洗干净，用干布擦去种子表面水分，置于 105 ℃鼓风干燥箱 20 min，即可烘去种子表面上的水分，然后在室温下放置 2 h，以平衡种子与空气间的湿度，称出光子重量，按式（1）计算短绒率：

$$L（\%）=\frac{w-w_1}{w}\times100 \qquad (1)$$

式中：L——短绒率,%；

w——毛子重，g；

w_1——光子重，g。

容许差距：若一个样品的三次测定之间的最大差距不超过 1.3%，其结果可用三次测定值的算术平均数表示，否则重做三次测定。

5.7 破籽率测定

测定在净度检验基础上进行。

随机取 100 粒种子，4 次重复。从样品中挑选出破籽，计数，按式（2）计算破籽率：

$$T（\%）=\frac{v}{v_0}\times100 \qquad (2)$$

式中：T——破籽率,%；

v——破籽粒数；

v_0——被检种子总粒数。

容许差距：若一个样品的四次测定之间的最大差距不超过 6％，其结果可用四次测定值的算术平均数表示，否则重做四次测定。

5.8　残酸率测定

残酸率的测定有两种方法，一种是硼砂滴定法，另一种是酸度计法。

5.8.1　硼砂滴定法

5.8.1.1　仪器设备：感量 0.001 g 天平、1 000 mL 容量瓶、100 mL 烧杯、250 mL 三角瓶、恒温箱、电炉、小滴瓶。

5.8.1.2　试剂：硼砂（$Na_2B_4O_7 \cdot 10H_2O$）、溴甲酚绿、甲基红、95％乙醇。

5.8.1.3　操作步骤

5.8.1.3.1　溶液配制：用感量 0.001 g 天平准确称取 3.814 g 硼砂，倒入 100 mL 烧杯中，加蒸馏水溶解后，定容至 1 000 mL。此硼砂溶液的浓度为 0.01 mol/L。

5.8.1.3.2　指示剂配制：称取溴甲酚绿 0.01 g，甲基红 0.02 g 置于同一小烧杯中，加入 40 mL 95％乙醇，待充分溶解后倒入小滴瓶中备用。

注：称取甲基红时需挑选颗粒细的粉末或事先用研钵将其磨细，否则不易溶解。

5.8.1.3.3　样品制备：随机数取脱绒子 50 粒称重，3 次重复，置于 250 mL 三角瓶内。加入 100 mL 蒸馏水，用力振摇后置入 30 ℃恒温箱内，浸提 30 min，或用以下快速方法浸提种子残酸可达到同样效果：加入 100 mL 50～55 ℃的热蒸馏水，用手振摇 2 min。

5.8.1.3.4　样品测定：加入三滴指示剂，溶液呈红色，然后用上述配制好的硼砂溶液进行滴定，溶液颜色先由红色变为无色，再滴定至微绿色即达等当点（pH 5.5），记下滴定毫升数，并按式（3）计算残酸率：

$$K（\%）= \frac{0.098 \times u}{p} \tag{3}$$

式中：K——种子残酸率，％；

　　　　u——滴定用硼砂溶液体积，mL；

　　　　p——50 粒种子重，g；

　　　　0.098——常数。

注：作为空白对照的蒸馏水 pH 约为 5.3，滴加指示剂后，溶液应呈微红色，否则应加以调节后才能使用。

5.8.2　酸度计法

样品制备方法同 5.8.1.3.3（50 粒种子，加 100 mL 蒸馏水）。利用酸度计测得 pH，然后利用下列公式换算为残酸含量。应选用灵敏度为 0.01 的酸度计。

测定时对酸度计必须进行反复的校正，按式（4）计算种子残酸率。

$$K（\%）= \frac{490}{10^{pH} \times p} \tag{4}$$

式中：K——种子残酸率，％；

　　　　p——50 粒种子重，g；

　　　　490——常数。

5.8.3　容许差距

容许差距见表 4。

表4 残酸分析的容许差距

三次结果平均	最大容许差距
0.00～0.04	0.02
0.05～0.09	0.03
0.10～0.14	0.03
0.15～0.19	0.04
0.20～0.24	0.04
0.25～0.29	0.04
0.30～0.34	0.05
0.35～0.39	0.05
0.40～0.44	0.05
0.45～0.49	0.05

5.9 残绒指数测定

该方法的测定程序为：从净种子中随机数取100粒光子，4次重复，根据残绒的多少分为五级（见图1）。

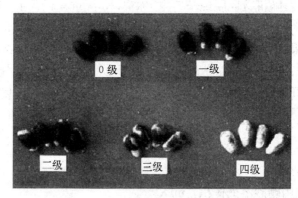

图1 残绒指数分级

零级：种子表面无残绒，计做0；　　一级：种子一端附有较少残绒，计做1；
二级：种子两端附有较少残绒，计做2；　三级：种子两端附有较少残绒并联片，计做3；
四级：种子表面几乎全部或全部附有短绒，计做4。

用式（5）计算残绒指数：

$$E=\frac{d_0\times0+d_1\times1+d_2\times2+d_3\times3+d_4\times4}{4\times100}\times100 \qquad (5)$$

式中：E——残绒指数；

d_0——零级粒数；

d_1——一级粒数；

d_2——二级粒数；

d_3——三级粒数；

d_4——四级粒数。

容许差距：若一个样品的四次测定之间的最大差距不超过6，其结果可用四次测定值的算术平均数表示，否则重做四次测定。

5.10　种衣覆盖度检验

从平均样品中取试样 3 份，每份 200 粒。用放大镜目测观察每粒种子，凡表面膜衣覆盖面积不小于 80% 者为种衣覆盖度合格的种子，数出覆盖度合格的种子粒数，按式（6）计算种衣覆盖度：

$$H（\%）=\frac{h}{200} \tag{6}$$

式中：H——种衣覆盖度，%；

h——种衣覆盖度合格的包衣种子粒数，粒。

5.11　种衣牢固度检验

从平均样品中取试样 3 份，每份 20～25 g，分别放在清洁、干燥的 150 mL 三角瓶中，置于振荡器上，在 300 次/min、40 mm 下振荡 40 min，然后分离出包衣种子称重，按式（7）计算种衣牢固度，并对三次重复进行平均。

$$L_g（\%）=\frac{G}{G_0} \tag{7}$$

式中：L_g——种衣牢固度，%；

G——振荡后包衣种子质量，g；

G_0——样品质量，g。

容许差距：若一个样品的三次测定之间的最大差距不超过 0.17%，其结果可用三次测定值的算术平均数表示，否则重做三次测定。

6　检验规则

以品种纯度指标为划分种子质量级别的依据，纯度达不到原种指标降为良种，达不到良种指标即为不合格种子。

净度、发芽率、水分其中一项达不到指标的为不合格种子。

脱绒子质量指标中残酸率、残绒指数其中二项均达不到指标的为不合格种子。

包衣种子质量指标中种衣覆盖度、种衣牢固度其中一项达不到指标的为不合格包衣种子。

7　标志、包装、运输、贮存

7.1　标志

包装袋的正面标志按 GB 7414 的规定执行。包装袋的另一面印制种子生产、检验情况和质量指标，包括种子生产日期、班次、有效储存期；净度、发芽率、水分、种子检验员号。

7.2　包装

塑料小袋包装：每袋 1 kg，2.5 kg（包装袋材料及规格按 GB 7414 执行），并用纸箱外包装，每箱 20 kg。

编织袋包装：每袋 25 kg（包装袋材料及规格按 GB 7414 执行）。

7.3　运输

包衣种子运输过程中的防毒事宜，按 GB 12475 的规定执行。

7.4　贮存

种子的贮存按 GB 7415 执行。

附录8 农作物种子生产经营许可管理办法

第一章 总 则

第一条 为加强农作物种子生产经营许可管理，规范农作物种子生产经营秩序，根据《中华人民共和国种子法》，制定本办法。

第二条 农作物种子生产经营许可证的申请、审核、核发和监管，适用本办法。

第三条 县级以上人民政府农业主管部门按照职责分工，负责农作物种子生产经营许可证的受理、审核、核发和监管工作。

第四条 负责审核、核发农作物种子生产经营许可证的农业主管部门，应当将农作物种子生产经营许可证的办理条件、程序等在办公场所公开。

第五条 农业主管部门应当按照保障农业生产安全、提升农作物品种选育和种子生产经营水平、促进公平竞争、强化事中事后监管的原则，依法加强农作物种子生产经营许可管理。

第二章 申请条件

第六条 申请领取种子生产经营许可证的企业，应当具有与种子生产经营相适应的设施、设备、品种及人员，符合本办法规定的条件。

第七条 申请领取主要农作物常规种子或非主要农作物种子生产经营许可证的企业，应当具备以下条件：

（一）基本设施。生产经营主要农作物常规种子的，具有办公场所150平方米以上、检验室100平方米以上、加工厂房500平方米以上、仓库500平方米以上；生产经营非主要农作物种子的，具有办公场所100平方米以上、检验室50平方米以上、加工厂房100平方米以上、仓库100平方米以上；

（二）检验仪器。具有净度分析台、电子秤、样品粉碎机、烘箱、生物显微镜、电子天平、扦样器、分样器、发芽箱等检验仪器，满足种子质量常规检测需要；

（三）加工设备。具有与其规模相适应的种子加工、包装等设备。其中，生产经营主要农作物常规种子的，应当具有种子加工成套设备，生产经营常规小麦种子的，成套设备总加工能力10吨/小时以上；生产经营常规稻种子的，成套设备总加工能力5吨/小时以上；生产经营常规大豆种子的，成套设备总加工能力3吨/小时以上；生产经营常规棉花种子的，成套设备总加工能力1吨/小时以上；

（四）人员。具有种子生产、加工贮藏和检验专业技术人员各2名以上；

（五）品种。生产经营主要农作物常规种子的，生产经营的品种应当通过审定，并具有1个以上与申请作物类别相应的审定品种；生产经营登记作物种子的，应当具有1个以上的登记品种。生产经营授权品种种子的，应当征得品种权人的书面同意；

（六）生产环境。生产地点无检疫性有害生物，并具有种子生产的隔离和培育条件；

（七）农业农村部规定的其他条件。

第八条 申请领取主要农作物杂交种子及其亲本种子生产经营许可证的企业，应当具备以下条件：

（一）基本设施。具有办公场所 200 平方米以上、检验室 150 平方米以上、加工厂房 500 平方米以上、仓库 500 平方米以上；

（二）检验仪器。除具备本办法第七条第二项规定的条件外，还应当具有 PCR 扩增仪及产物检测配套设备、酸度计、高压灭菌锅、磁力搅拌器、恒温水浴锅、高速冷冻离心机、成套移液器等仪器设备，能够开展种子水分、净度、纯度、发芽率四项指标检测及品种分子鉴定；

（三）加工设备。具有种子加工成套设备，生产经营杂交玉米种子的，成套设备总加工能力 10 吨/小时以上；生产经营杂交稻种子的，成套设备总加工能力 5 吨/小时以上；生产经营其他主要农作物杂交种子的，成套设备总加工能力 1 吨/小时以上；

（四）人员。具有种子生产、加工贮藏和检验专业技术人员各 5 名以上；

（五）品种。生产经营的品种应当通过审定，并具有自育品种或作为第一选育人的审定品种 1 个以上，或者合作选育的审定品种 2 个以上，或者受让品种权的品种 3 个以上。生产经营授权品种种子的，应当征得品种权人的书面同意；

（六）具有本办法第七条第六项规定的条件；

（七）农业农村部规定的其他条件。

第九条　申请领取实行选育生产经营相结合、有效区域为全国的种子生产经营许可证的企业，应当具备以下条件：

（一）基本设施。具有办公场所 500 平方米以上，冷藏库 200 平方米以上。生产经营主要农作物种子或马铃薯种薯的，具有检验室 300 平方米以上；生产经营其他农作物种子的，具有检验室 200 平方米以上。生产经营杂交玉米、杂交稻、小麦种子或马铃薯种薯的，具有加工厂房 1000 平方米以上、仓库 2000 平方米以上；生产经营棉花、大豆种子的，具有加工厂房 500 平方米以上、仓库 500 平方米以上；生产经营其他农作物种子的，具有加工厂房 200 平方米以上、仓库 500 平方米以上；

（二）育种机构及测试网络。具有专门的育种机构和相应的育种材料，建有完整的科研育种档案。生产经营杂交玉米、杂交稻种子的，在全国不同生态区有测试点 30 个以上和相应的播种、收获、考种设施设备；生产经营其他农作物种子的，在全国不同生态区有测试点 10 个以上和相应的播种、收获、考种设施设备；

（三）育种基地。具有自有或租用（租期不少于 5 年）的科研育种基地。生产经营杂交玉米、杂交稻种子的，具有分布在不同生态区的育种基地 5 处以上、总面积 200 亩以上；生产经营其他农作物种子的，具有分布在不同生态区的育种基地 3 处以上、总面积 100 亩以上；

（四）科研投入。在申请之日前 3 年内，年均科研投入不低于年种子销售收入的 5%，同时，生产经营杂交玉米种子的，年均科研投入不低于 1500 万元；生产经营杂交稻种子的，年均科研投入不低于 800 万元；生产经营其他种子的，年均科研投入不低于 300 万元；

（五）品种。生产经营主要农作物种子的，生产经营的品种应当通过审定，并具有相应作物的作为第一育种者的国家级审定品种 3 个以上，或者省级审定品种 6 个以上（至少包含 3 个省份审定通过），或者国家级审定品种 2 个和省级审定品种 3 个以上，或者国家级审定品种 1 个和省级审定品种 5 个以上。生产经营杂交稻种子同时生产经营常规稻种子的，除具有杂交稻要求的品种条件外，还应当具有常规稻的作为第一育种者的国家级审定品种 1 个以上或者省级审定品种 3 个以上。生产经营非主要农作物种子的，应当具有相应作物的以本企业名义单独申请获得植物新品种权的品种 5 个以上。生产经营授权品种种子的，应当征得品种权人的书面同意；

（六）生产规模。生产经营杂交玉米种子的，近 3 年年均种子生产面积 2 万亩以上；生产经营杂交稻种子的，近 3 年年均种子生产面积 1 万亩以上；生产经营其他农作物种子的，近 3 年年均种子生产的数量不低于该类作物 100 万亩的大田用种量；

（七）种子经营。具有健全的销售网络和售后服务体系。生产经营杂交玉米种子的，在申请之日前 3 年内至少有 1 年，杂交玉米种子销售额 2 亿元以上或占该类种子全国市场份额的 1% 以上；生产经营杂交稻种子的，在申请之日前 3 年内至少有 1 年，杂交稻种子销售额 1.2 亿元以上或占该类种子全国市场份额的 1% 以上；生产经营蔬菜种子的，在申请之日前 3 年内至少有 1 年，蔬菜种子销售额 8000 万元以上或占该类种子全国市场份额的 1% 以上；生产经营其他农作物种子的，在申请之日前 3 年内至少有 1 年，其种子销售额占该类种子全国市场份额的 1% 以上；

（八）种子加工。具有种子加工成套设备，生产经营杂交玉米、小麦种子的，总加工能力 20 吨/小时以上；生产经营杂交稻种子的，总加工能力 10 吨/小时以上（含窝眼清选设备）；生产经营大豆种子的，总加工能力 5 吨/小时以上；生产经营其他农作物种子的，总加工能力 1 吨/小时以上。生产经营杂交玉米、杂交稻、小麦种子的，还应当具有相应的干燥设备；

（九）人员。生产经营杂交玉米、杂交稻种子的，具有本科以上学历或中级以上职称的专业育种人员 10 人以上；生产经营其他农作物种子的，具有本科以上学历或中级以上职称的专业育种人员 6 人以上。生产经营主要农作物种子的，具有专职的种子生产、加工贮藏和检验专业技术人员各 5 名以上；生产经营非主要农作物种子的，具有专职的种子生产、加工贮藏和检验专业技术人员各 3 名以上；

（十）具有本办法第七条第六项、第八条第二项规定的条件；

（十一）农业农村部规定的其他条件。

第十条 从事种子进出口业务的企业和外商投资企业申请领取种子生产经营许可证，除具备本办法规定的相应农作物种子生产经营许可证核发的条件外，还应当符合有关法律、行政法规规定的其他条件。

第十一条 申请领取种子生产经营许可证，应当提交以下材料：

（一）种子生产经营许可证申请表（式样见附件 1）；

（二）单位性质、股权结构等基本情况，公司章程、营业执照复印件，设立分支机构、委托生产种子、委托代销种子以及以购销方式销售种子等情况说明；

（三）种子生产、加工贮藏、检验专业技术人员的基本情况及其企业缴纳的社保证明复印件，企业法定代表人和高级管理人员名单及其种业从业简历；

（四）种子检验室、加工厂房、仓库和其他设施的自有产权或自有资产的证明材料；办公场所自有产权证明复印件或租赁合同；种子检验、加工等设备清单和购置发票复印件；相关设施设备的情况说明及实景照片；

（五）品种审定证书复印件；生产经营授权品种种子的，提交植物新品种权证书复印件及品种权人的书面同意证明；

（六）委托种子生产合同复印件或自行组织种子生产的情况说明和证明材料；

（七）种子生产地点检疫证明；

（八）农业农村部规定的其他材料。

第十二条　申请领取选育生产经营相结合、有效区域为全国的种子生产经营许可证，除提交本办法第十一条所规定的材料外，还应当提交以下材料：

（一）自有科研育种基地证明或租用科研育种基地的合同复印件；

（二）品种试验测试网络和测试点情况说明，以及相应的播种、收获、烘干等设备设施的自有产权证明复印件及实景照片；

（三）育种机构、科研投入及育种材料、科研活动等情况说明和证明材料，育种人员基本情况及其企业缴纳的社保证明复印件；

（四）近三年种子生产地点、面积和基地联系人等情况说明和证明材料；

（五）种子经营量、经营额及其市场份额的情况说明和证明材料；

（六）销售网络和售后服务体系的建设情况。

第三章　受理、审核与核发

第十三条　种子生产经营许可证实行分级审核、核发。

（一）从事主要农作物常规种子生产经营及非主要农作物种子经营的，其种子生产经营许可证由企业所在地县级以上地方农业主管部门核发；

（二）从事主要农作物杂交种子及其亲本种子生产经营以及实行选育生产经营相结合、有效区域为全国的种子企业，其种子生产经营许可证由企业所在地县级农业主管部门审核，省、自治区、直辖市农业主管部门核发；

（三）从事农作物种子进出口业务的，其种子生产经营许可证由企业所在地省、自治区、直辖市农业主管部门审核，农业农村部核发。

第十四条　农业主管部门对申请人提出的种子生产经营许可申请，应当根据下列情况分别作出处理：

（一）不需要取得种子生产经营许可的，应当即时告知申请人不受理；

（二）不属于本部门职权范围的，应当即时作出不予受理的决定，并告知申请人向有关部门申请；

（三）申请材料存在可以当场更正的错误的，应当允许申请人当场更正；

（四）申请材料不齐全或者不符合法定形式的，应当当场或者在五个工作日内一次告知申请人需要补正的全部内容，逾期不告知的，自收到申请材料之日起即为受理；

（五）申请材料齐全、符合法定形式，或者申请人按照要求提交全部补正申请材料的，应当予以受理。

第十五条　审核机关应当对申请人提交的材料进行审查，并对申请人的办公场所和种子加工、检验、仓储等设施设备进行实地考察，查验相关申请材料原件。

审核机关应当自受理申请之日起二十个工作日内完成审核工作。具备本办法规定条件的，签署审核意见，上报核发机关；审核不予通过的，书面通知申请人并说明理由。

第十六条　核发机关应当自受理申请或收到审核意见之日起二十个工作日内完成核发工作。核发机关认为有必要的，可以进行实地考察并查验原件。符合条件的，发给种子生产经营许可证并予公告；不符合条件的，书面通知申请人并说明理由。

选育生产经营相结合、有效区域为全国的种子生产经营许可证，核发机关应当在核发前在中国种业信息网公示五个工作日。

第四章 许可证管理

第十七条 种子生产经营许可证设主证、副证（式样见附件 2）。主证注明许可证编号、企业名称、统一社会信用代码、住所、法定代表人、生产经营范围、生产经营方式、有效区域、有效期至、发证机关、发证日期；副证注明生产种子的作物种类、种子类别、品种名称及审定（登记）编号、种子生产地点等内容。

（一）许可证编号为"___（××××）农种许字（××××）第××××号"。"___"上标注生产经营类型，A 为实行选育生产经营相结合，B 为主要农作物杂交种子及其亲本种子，C 为其他主要农作物种子，D 为非主要农作物种子，E 为种子进出口，F 为外商投资企业；第一个括号内为发证机关所在地简称，格式为"省地县"；第二个括号内为首次发证时的年号；"第××××号"为四位顺序号；

（二）生产经营范围按生产经营种子的作物名称填写，蔬菜、花卉、麻类按作物类别填写；

（三）生产经营方式按生产、加工、包装、批发、零售或进出口填写；

（四）有效区域。实行选育生产经营相结合的种子生产经营许可证的有效区域为全国。其他种子生产经营许可证的有效区域由发证机关在其管辖范围内确定；

（五）生产地点为种子生产所在地，主要农作物杂交种子标注至县级行政区域，其他作物标注至省级行政区域。

种子生产经营许可证加注许可信息代码。许可信息代码应当包括种子生产经营许可相关内容，由发证机关打印许可证书时自动生成。

第十八条 种子生产经营许可证载明的有效区域是指企业设立分支机构的区域。

种子生产地点不受种子生产经营许可证载明的有效区域限制，由发证机关根据申请人提交的种子生产合同复印件及无检疫性有害生物证明确定。

种子销售活动不受种子生产经营许可证载明的有效区域限制，但种子的终端销售地应当在品种审定、品种登记或标签标注的适宜区域内。

第十九条 种子生产经营许可证有效期为五年。

在有效期内变更主证载明事项的，应当向原发证机关申请变更并提交相应材料，原发证机关应当依法进行审查，办理变更手续。

在有效期内变更副证载明的生产种子的品种、地点等事项的，应当在播种三十日前向原发证机关申请变更并提交相应材料，申请材料齐全且符合法定形式的，原发证机关应当当场予以变更登记。

种子生产经营许可证期满后继续从事种子生产经营的，企业应当在期满六个月前重新提出申请。

第二十条 在种子生产经营许可证有效期内，有下列情形之一的，发证机关应当注销许可证，并予以公告：

（一）企业停止生产经营活动一年以上的；

（二）企业不再具备本办法规定的许可条件，经限期整改仍达不到要求的。

第五章　监督检查

第二十一条　有下列情形之一的，不需要办理种子生产经营许可证：

（一）农民个人自繁自用常规种子有剩余，在当地集贸市场上出售、串换的；

（二）在种子生产经营许可证载明的有效区域设立分支机构的；

（三）专门经营不再分装的包装种子的；

（四）受具有种子生产经营许可证的企业书面委托生产、代销其种子的。

前款第一项所称农民，是指以家庭联产承包责任制的形式签订农村土地承包合同的农民；所称当地集贸市场，是指农民所在的乡（镇）区域。农民个人出售、串换的种子数量不应超过其家庭联产承包土地的年度用种量。违反本款规定出售、串换种子的，视为无证生产经营种子。

第二十二条　种子生产经营者在种子生产经营许可证载明有效区域设立的分支机构，应当在取得或变更分支机构营业执照后十五个工作日内向当地县级农业主管部门备案。备案时应当提交分支机构的营业执照复印件、设立企业的种子生产经营许可证复印件以及分支机构名称、住所、负责人、联系方式等材料（式样见附件3）。

第二十三条　专门经营不再分装的包装种子或者受具有种子生产经营许可证的企业书面委托代销其种子的，应当在种子销售前向当地县级农业主管部门备案，并建立种子销售台账。备案时应当提交种子销售者的营业执照复印件、种子购销凭证或委托代销合同复印件，以及种子销售者名称、住所、经营方式、负责人、联系方式、销售地点、品种名称、种子数量等材料（式样见附件4）。种子销售台账应当如实记录销售种子的品种名称、种子数量、种子来源和种子去向。

第二十四条　受具有种子生产经营许可证的企业书面委托生产其种子的，应当在种子播种前向当地县级农业主管部门备案。备案时应当提交委托企业的种子生产经营许可证复印件、委托生产合同，以及种子生产者名称、住所、负责人、联系方式、品种名称、生产地点、生产面积等材料（式样见附件5）。受托生产杂交玉米、杂交稻种子的，还应当提交与生产所在地农户、农民合作组织或村委会的生产协议。

第二十五条　种子生产经营者应当建立包括种子田间生产、加工包装、销售流通等环节形成的原始记载或凭证的种子生产经营档案，具体内容如下：

（一）田间生产方面：技术负责人，作物类别、品种名称、亲本（原种）名称、亲本（原种）来源，生产地点、生产面积、播种日期、隔离措施、产地检疫、收获日期、种子产量等。委托种子生产的，还应当包括种子委托生产合同。

（二）加工包装方面：技术负责人，品种名称、生产地点，加工时间、加工地点、包装规格、种子批次、标签标注、入库时间、种子数量、质量检验报告等。

（三）流通销售方面：经办人，种子销售对象姓名及地址、品种名称、包装规格、销售数量、销售时间、销售票据。批量购销的，还应包括种子购销合同。

种子生产经营者应当至少保存种子生产经营档案五年，确保档案记载信息连续、完整、真实，保证可追溯。档案材料含有复印件的，应当注明复印时间并经相关责任人签章。

第二十六条　种子生产经营者应当按批次保存所生产经营的种子样品，样品至少保存该类作物两个生产周期。

第二十七条 申请人故意隐瞒有关情况或者提供虚假材料申请种子生产经营许可证的，农业主管部门应当不予许可，并将申请人的不良行为记录在案，纳入征信系统。申请人在一年内不得再次申请种子生产经营许可证。

申请人以欺骗、贿赂等不正当手段取得种子生产经营许可证的，农业主管部门应当撤销种子生产经营许可证，并将申请人的不良行为记录在案，纳入征信系统。申请人在三年内不得再次申请种子生产经营许可证。

第二十八条 农业主管部门应当对种子生产经营行为进行监督检查，发现不符合本办法的违法行为，按照《中华人民共和国种子法》有关规定进行处理。

核发、撤销、吊销、注销种子生产经营许可证的有关信息，农业主管部门应当依法予以公布，并在中国种业信息网上及时更新信息。

对管理过程中获知的种子生产经营者的商业秘密，农业主管部门及其工作人员应当依法保密。

第二十九条 上级农业主管部门应当对下级农业主管部门的种子生产经营许可行为进行监督检查。有下列情形的，责令改正，对直接负责的主管人员和其他直接责任人依法给予行政处分；构成犯罪的，依法移送司法机关追究刑事责任：

（一）未按核发权限发放种子生产经营许可证的；

（二）擅自降低核发标准发放种子生产经营许可证的；

（三）其他未依法核发种子生产经营许可证的。

第六章　附　　则

第三十条 本办法所称种子生产经营，是指种植、采收、干燥、清选、分级、包衣、包装、标识、贮藏、销售及进出口种子的活动；种子生产是指繁（制）种的种植、采收的田间活动。

第三十一条 本办法所称种子加工成套设备，是指主机和配套系统相互匹配并固定安装在加工厂房内，实现种子精选、包衣、计量和包装基本功能的加工系统。主机主要包括风筛清选机（风选部分应具有前后吸风道，双沉降室；筛选部分应具有三层以上筛片）、比重式清选机和电脑计量包装设备；配套系统主要包括输送系统、储存系统、除尘系统、除杂系统和电控系统。

第三十二条 本办法规定的科研育种、生产、加工、检验、贮藏等设施设备，应为申请企业自有产权或自有资产，或者为其绝对控股子公司的自有产权或自有资产。办公场所应在种子生产经营许可证核发机关所辖行政区域，可以租赁。对申请企业绝对控股子公司的自有品种可以视为申请企业的自有品种。申请企业的绝对控股子公司不可重复利用上述办证条件申请办理种子生产经营许可证。

第三十三条 本办法所称不再分装的包装种子，是指按有关规定和标准包装的、不再分拆的最小包装种子。分装种子的，应当取得种子生产经营许可证，保证种子包装的完整性，并对其所分装种子负责。

有性繁殖作物的籽粒、果实，包括颖果、荚果、蒴果、核果等以及马铃薯微型脱毒种薯应当包装。无性繁殖的器官和组织、种苗以及不宜包装的非籽粒种子可以不包装。

种子包装应当符合有关国家标准或者行业标准。

第三十四条　转基因农作物种子生产经营许可管理规定，由农业农村部另行制定。

第三十五条　申请领取鲜食、爆裂玉米的种子生产经营许可证的，按非主要农作物种子的许可条件办理。

第三十六条　生产经营无性繁殖的器官和组织、种苗、种薯以及不宜包装的非籽粒种子的，应当具有相适应的设施、设备、品种及人员，具体办法由省级农业主管部门制定，报农业农村部备案。

第三十七条　没有设立农业主管部门的行政区域，种子生产经营许可证由上级行政区域农业主管部门审核、核发。

第三十八条　种子生产经营许可证由农业农村部统一印制，相关表格格式由农业农村部统一制定。种子生产经营许可证的申请、受理、审核、核发和打印，以及种子生产经营备案管理，在中国种业信息网统一进行。

第三十九条　本办法自 2016 年 8 月 15 日起施行。农业农村部 2001 年 2 月 26 日发布、2015 年 4 月 29 日修订的《农作物种子生产经营许可管理办法》和 2001 年 2 月 26 日发布的《农作物商品种子加工包装规定》同时废止。

本办法施行之日前已取得的农作物种子生产、经营许可证有效期不变，有效期在本办法发布之日至 2016 年 8 月 15 日届满的企业，其原有种子生产、经营许可证的有效期自动延展至 2016 年 12 月 31 日。

本办法施行之日前已取得农作物种子生产、经营许可证且在有效期内，申请变更许可证载明事项的，按本办法第十三条规定程序办理。

附录9 转基因棉花种子生产经营许可规定

第一条 为加强转基因棉花种子生产经营许可管理，根据《中华人民共和国种子法》《农业转基因生物安全管理条例》《农作物种子生产经营许可管理办法》，制定本规定。

第二条 转基因棉花种子生产经营许可证，由企业所在地省级农业主管部门审核，农业农村部核发。

第三条 申请领取转基因棉花种子生产经营许可证的企业，应当具备以下条件：

（一）具有办公场所200平方米以上，检验室150平方米以上，加工厂房500平方米以上，仓库500平方米以上；

（二）具有转基因棉花自育品种或作为第一选育人的品种1个以上，或者合作选育的品种2个以上，或者受让品种权的品种3个以上；生产经营的品种应当通过审定并取得农业转基因生物安全证书。生产经营授权品种种子的，应当征得品种权人的书面同意；

（三）具有净度分析台、电子秤、样品粉碎机、烘箱、生物显微镜、电子天平、扦样器、分样器、发芽箱、PCR扩增仪及产物检测配套设备、酸度计、高压灭菌锅、磁力搅拌器、恒温水浴锅、高速冷冻离心机、成套移液器等仪器设备，能够开展种子水分、净度、纯度、发芽率四项指标检测及品种分子鉴定；

（四）具有种子加工成套设备，成套设备总加工能力1吨/小时以上，配备棉籽化学脱绒设备；

（五）具有种子生产、加工贮藏和检验专业技术人员各3名以上，农业转基因生物安全管理人员2名以上；

（六）种子生产地点、经营区域在农业转基因生物安全证书批准的区域内；

（七）符合棉花种子生产规程以及转基因棉花种子安全生产要求的隔离和生产条件，生产地点无检疫性有害生物；

（八）有相应的农业转基因生物安全管理、防范措施；

（九）农业农村部规定的其他条件。

第四条 申请转基因棉花种子生产经营许可证的企业，应当向审核机关提交以下材料：

（一）转基因棉花种子生产经营许可证申请表（式样见附件1）；

（二）单位性质、股权结构等基本情况，公司章程、营业执照复印件，设立分支机构、委托生产种子、委托代销种子以及以购销方式销售种子等情况说明；

（三）种子生产、加工贮藏、检验技术人员和农业转基因生物安全管理人员的基本情况及其企业缴纳的社保证明复印件，企业法定代表人和高级管理人员名单及其种业从业简历；

（四）种子检验室、加工厂房、仓库和其他设施的自有产权或自有资产证明材料；办公场所自有产权证明复印件或租赁合同；种子检验、加工等设备清单和购置发票复印件；相关设施设备的情况说明及实景照片；

（五）品种审定证书和农业转基因生物安全证书复印件；生产经营授权品种种子的，提交植物新品种权证书复印件及品种权人的书面同意证明；

（六）委托种子生产合同复印件或自行组织种子生产的情况说明和证明材料；

（七）种子生产地点检疫证明；种子生产所在地省级农业主管部门书面意见；

（八）农业转基因生物安全管理、防范措施说明；

（九）农业农村部规定的其他材料。

第五条　审核机关应当自受理申请之日起二十个工作日内完成审核工作。审核机关应当对申请企业的办公场所和种子加工、检验、仓储等设施设备进行实地考察，并查验相关申请材料原件。符合条件的，签署审核意见，上报核发机关；审核不予通过的，书面通知申请人并说明理由。

核发机关应当自收到申请材料和审核意见之日起二十个工作日内完成核发工作。核发机关认为有必要的，可以进行实地考察并查验原件。符合条件的，发给种子生产经营许可证并予公告；不符合条件的，书面通知申请人并说明理由。

第六条　转基因棉花种子生产经营许可证设主证、副证。主证注明许可证编号、企业名称、统一社会信用代码、住所、法定代表人、生产经营范围、生产经营方式、有效区域、有效期至、发证机关、发证日期；副证注明生产种子的作物种类、种子类别、品种名称及审定编号、转基因安全证书编号、生产地点、有效期至等。转基因棉花种子生产经营许可证加注许可信息代码。

（一）许可证编号为"G（农）农种许字（××××）第××××号"，第二个括号内为首次发证时的年号，"第××××号"为四位顺序号；

（二）生产经营方式按生产、加工、包装、批发、零售填写；

（三）生产地点为种子生产所在地，标注至县级行政区域。

第七条　转基因棉花种子生产经营许可证有效期为5年，同时不得超出农业转基因生物安全证书规定的有效期限。

在有效期内变更主证、副证载明事项的，应当按照原申请程序办理变更手续，并提供相应证明材料。

许可证期满后继续从事转基因棉花种子生产经营的，企业应当在期满六个月前重新提出申请。

第八条　转基因棉花种子生产经营许可的其他事项，按照《农作物种子生产经营许可管理办法》有关规定执行。

第九条　本规定自2016年10月18日起施行。农业部2011年9月6日公布、2015年4月29日修订的《转基因棉花种子生产经营许可规定》（农业部第1643号公告）同时废止。

主要参考文献

刘西莉，刘桂英，李金玉，1997. 泡沫酸脱绒棉籽残酸量快速测定技术研究 [J]. 中国棉花，24（9）：6-8.

农业部全国农作物种子质量监督检验测试中心，2006. 农业部全国农作物种子检验员考核学习读本 [M].
北京：中国工商出版社.

王延琴，杨伟华，许红霞，2006. 卡那霉素鉴定抗虫棉抗虫性方法比较 [J]. 中国棉花，33（9）：11-19.

颜启传，程式化，魏兴华，等，2002. 种子健康测定原理和方法 [M]. 北京：中国农业科学技术出版社.

中国农业科学院棉花研究所，2013. 中国棉花栽培学 [M]. 上海：上海科学技术出版社.

图书在版编目(CIP)数据

棉花种子检验实务 / 王延琴,陆许可主编 .—北京:
中国农业出版社,2018.11
ISBN 978 - 7 - 109 - 25086 - 4

Ⅰ.①棉… Ⅱ.①王… ②陆… Ⅲ.①棉花-种子-
检验-研究 Ⅳ.①S562.032

中国版本图书馆 CIP 数据核字(2018)第 282788 号

中国农业出版社出版
(北京市朝阳区麦子店街 18 号楼)
(邮政编码 100125)
责任编辑 廖 宁
————————
北京通州皇家印刷厂印刷 新华书店北京发行所发行
2018 年 11 月第 1 版 2018 年 11 月北京第 1 次印刷
————————
开本:787mm×1092mm 1/16 印张:11 插页:6
字数:250 千字
定价:68.00 元
(凡本版图书出现印刷、装订错误,请向出版社发行部调换)